高等数学练习题集

西南交通大学公共数学系　编

西南交通大学出版社

·成　都·

图书在版编目（CIP）数据

高等数学练习题集/ 西南交通大学公共数学系编.
—成都：西南交通大学出版社，2011.8（2021.7 重印）
ISBN 978-7-5643-1269-5

Ⅰ.①高… Ⅱ.①西… Ⅲ.①高等数学－高等学校－习题集 Ⅳ.①013-44

中国版本图书馆 CIP 数据核字（2011）第 137382 号

高等数学练习题集

西南交通大学公共数学系　编

责任编辑	张宝华
封面设计	何东琳设计工作室
出版发行	西南交通大学出版社 （四川省成都市金牛区二环路北一段 111 号 西南交通大学创新大厦 21 楼）
发行部电话	028-87600564　028-87600533
邮政编码	610031
网址	http: //www.xnjdcbs.com
印刷	四川森林印务有限责任公司
成品尺寸	210 mm×285 mm
印张	9.25
字数	218 千字
版次	2011 年 8 月第 1 版
印次	2021 年 7 月第 15 次
书号	ISBN 978-7-5643-1269-5
定价	24.00 元

前　言

本练习题集是根据“高等数学课程教学基本要求”，并按照课程的教学过程以章节顺序编排的，其参编人员都是从事该课程教学多年的教师．在编排方面，根据该课程各章、节教学内容的先后次序以及基本概念、基本方法、重点、难点，精选了各类练习题型，题型包含填空题、判断题、选择题、计算题、应用题、证明题等．每章还附有自测题，旨在检验学生对基本概念和基本理论的理解和掌握，挖掘解题思路，提高综合分析能力，巩固学习效果．

本练习题集是按照每周为一个教学单元，每个教学单元交一次作业的形式编排的．每题下方留有学生解题的空白，部分题目还给出了参考提示，以便于学生完成作业和教师批发作业．

本书可作为多学时高等教学课程的学生作业用书．

本练习题集是在《高等数学习题册》的基础上改编完成的．参加本书编写的主要人员有阳锐顺、梁涛、卿铭、何瑞文、秦应兵、苏宁等．本书的编写得到了西南交通大学数学学院（特别是公共数学系）的大力支持与帮助，在此一并致谢．

限于编者水平，不妥之处，敬请同行和读者批评指正．

编　者

2011 年 4 月

目　录

班级____________　　姓名______________　　学号____________

第一章　函数的极限与连续

第一节　数列极限

1. 用定义证明下列极限.

（1）$\lim\limits_{n\to\infty}\dfrac{(-1)^n}{n^2}=0$.

（2）$\lim\limits_{n\to\infty}\dfrac{\sqrt{n^2-a^2}}{n}=1$.

2. 若数列 $\{a_n\}$ 含有两个收敛子列：$a_{2n}\to a$，$a_{2n+1}\to a$，试证明 $a_n\to a$.

3. 证明：若 $\lim\limits_{n\to\infty}x_n=a$，则 $\lim\limits_{n\to\infty}|x_n|=|a|$；举例说明反之不真，但当 $\lim\limits_{n\to\infty}|x_n|=0$，则 $\lim\limits_{n\to\infty}x_n=0$.

4. 利用夹逼定理求下列极限.

（1）$\lim\limits_{n\to\infty}\dfrac{n!}{n^n}$.

（2）$\lim\limits_{n\to\infty}n\left(\dfrac{1}{n^2+1}+\dfrac{1}{n^2+2}+\cdots+\dfrac{1}{n^2+n}\right)$.

班级____________ 姓名____________ 学号____________

（3） $\lim\limits_{n\to\infty}\sqrt[n]{\sin^2 1+\sin^2 2+\cdots+\sin^2 n}$.

5.（1） 已知 $x_1=3,\ x_{n+1}=\sqrt{3+x_n}$ ，求 $\lim\limits_{n\to\infty}x_n$.

（2） 已知 $x_1=\dfrac{1}{2},\ x_{n+1}=\dfrac{1}{2}(1+x_n)$ ，求 $\lim\limits_{n\to\infty}x_n$.

（3）设方程 $x^n+x^{n-1}+\cdots+x=1\,(n\geqslant 2)$ 在 $(0,1)$ 内有唯一根 x_n ，求 $\lim\limits_{n\to\infty}x_n$.

班级____________　　姓名______________　　学号____________

第二节　函数极限

1. 写出下列极限的定义.

（1）$\lim\limits_{x\to x_0+0} f(x)=A$.

（2）$\lim\limits_{x\to-\infty} f(x)=A$.

（3）$\lim\limits_{x\to-\infty} f(x)=+\infty$.

2. 用定义证明下列极限.

（1）$\lim\limits_{x\to x_0}\cos x=\cos x_0$.

（2）$\lim\limits_{x\to a}\sqrt{x}=\sqrt{a}\ (a\geqslant 0)$

3. 若 $\lim\limits_{x\to+\infty} f(x)=\lim\limits_{x\to-\infty} f(x)=A$，证明 $\lim\limits_{x\to\infty} f(x)=A$.

4. 求下列极限.

（1）$\lim\limits_{x\to 0}\dfrac{1-\cos 2x}{x\sin x}$.

（2）$\lim\limits_{n\to\infty} n\sin\dfrac{x}{n}$.

（3）$\lim\limits_{x\to 0}\dfrac{\tan x-\sin x}{x^3}$.

班级__________ 姓名__________ 学号__________

（4） $\lim\limits_{x\to 1}(1-x)\tan\dfrac{\pi}{2}x$.

（5） $\lim\limits_{x\to\infty}\left(1-\dfrac{1}{x}\right)^{kx}$.

（6） $\lim\limits_{x\to\infty}\left(\dfrac{x+2}{x+1}\right)^{x}$.

（7） $\lim\limits_{x\to 0}\dfrac{1-\sqrt{\cos x}}{x(1-\cos\sqrt{x})}$.

（8） $\lim\limits_{x\to+\infty}(\sqrt{1+x+x^2}-\sqrt{1-x+x^2})$

5. 证明：β 与 α 为等价无穷小的充要条件是 $\beta=\alpha+o(\alpha)$.

6. 利用等价无穷小求下列极限.

（1） $\lim\limits_{x\to 0}\dfrac{\sin x^n}{(\sin x)^m}$.

（2） $\lim\limits_{x\to 0}\dfrac{\tan x-\sin x}{\sin^3 x}$.

（3） $\lim\limits_{x\to 0}\dfrac{\sin x+x^2\sin\dfrac{1}{x}}{(1+\cos x)\ln(1+x)}$.

班级____________　　　　姓名______________　　　　学号____________

（4）$\lim\limits_{x\to 0}\dfrac{1-\cos x}{x(\sqrt{1+x}-1)}$.

（5）$\lim\limits_{x\to 0}\dfrac{a^x-1}{x}$.

（6）$\lim\limits_{x\to 1}\dfrac{\sqrt{x}-1}{\ln x}$.

（7）$\lim\limits_{x\to 0}(\cos x+2\sin x)^{\frac{1}{x}}$.

（8）$\lim\limits_{x\to 0}\left(\dfrac{a^x+b^x+c^x}{3}\right)^{\frac{1}{x}}$.

（9）$\lim\limits_{x\to a}\dfrac{\sin x-\sin a}{x-a}$.

7．计算下列极限.

（1）$\lim\limits_{x\to\infty}\dfrac{\sin x}{x}$.

（2）$\lim\limits_{x\to+\infty}\dfrac{\ln(1+x^m)}{\ln(1+x^n)}$，其中 m,n 为自然数.

（3）$\lim\limits_{x\to\infty}\dfrac{\arctan x}{x}$ 及 $\lim\limits_{x\to 0}\dfrac{\arctan x}{x}$.

班级__________ 姓名__________ 学号__________

第三节　连续函数与间断点

1. 指出下列函数的间断点并说明其类型.

（1） $y=\dfrac{x^2-1}{x^2-3x+2}$.

（2） $y=\lim\limits_{n\to\infty}\dfrac{1-x^{2n}}{1+x^{2n}}$.

2. 试确定 α,β 的值使

$$f(x)=\begin{cases}|x|^{\alpha}\sin\dfrac{1}{x}, & x\neq 0\\ \beta, & x=0\end{cases}$$

在点 $x=0$ 处连续.

3. 设 $f(x)$ 在 $x=0$ 处连续，且对 $\forall x,y\in R$ 满足 $f(x+y)=f(x)+f(y)$，证明 $f(x)$ 在 R 上处处连续。

4. 证明：（1）方程 $x^n+x^{n-1}+\cdots+x=1$ 在 $(0,1)$ 内至少有一个根 $(n\geqslant 2)$.

班级____________ 姓名______________ 学号____________

（2）方程 $x=\sin x+k\ (k>0)$ 至少有一个正根.

（3）若函数 $f(x)$ 在 $[a,b]$ 上连续，且 $f(a)<a$，$f(b)>b$，则方程 $f(x)=x$ 在 (a,b) 内有一个根.

（4）证明：方程 $x^3+x^2-4x+1=0$ 的三个根都是实根.

5. 若 $f(x)$ 在 $[a,b]$ 上连续，且

$$a<x_1<x_2<\cdots<x_n<b$$

证明：存在 $\xi_1\in(a,b)$, $\xi_2\in(a,b)$ 使得

$$f(\xi_1)=\frac{1}{n}[f(x_1)+\cdots+f(x_n)]$$

$$f(\xi_2)=\frac{2}{n(n+1)}[f(x_1)+2f(x_2)\cdots+nf(x_n)]$$

6. 若 $f(x)$ 在 $[a,+\infty)$ 上连续，$\lim\limits_{x\to+\infty}f(x)=A$，证明：$f(x)$ 在 $[a,+\infty)$ 上有界.

班级____________　　　　姓名______________　　　　学号____________

极限与连续自测题

一、填空题.

1．$\lim\limits_{x\to 0}(1+3x)^{\frac{2}{\sin x}}=$______________________.

2．$\lim\limits_{x\to\infty}\left(\dfrac{x+2a}{x-a}\right)^{x}=8$，则 $a=$________.

3．$\lim\limits_{x\to 0}\dfrac{3\sin x+x^{2}\cos\frac{1}{x}}{(1+\cos x)\ln(1+x)}=$ __________.

4．$\lim\limits_{x\to 0}\dfrac{\sqrt{1+x}+\sqrt{1-x}-2}{x^{2}}=$___________.

5．$\lim\limits_{x\to 0}\left(\dfrac{1}{x^{2}}-\dfrac{1}{x\tan x}\right)=$____________________.

6．设常数 $a\neq\dfrac{1}{2}$，则 $\lim\limits_{n\to\infty}\ln\left[\dfrac{n-2na+1}{n(1-2a)}\right]^{n}=$___________________.

7．$\lim\limits_{x\to 0}(\cos x)^{\frac{1}{\ln(1+x^{2})}}=$___________________.

8．若 $x\to 0$ 时 $(1-ax^{2})^{\frac{1}{4}}-1$ 与 $\sin^{2}x$ 是等价无穷小，则 $a=$___________________.

9．$\lim\limits_{x\to 0}\dfrac{x\ln(1+x)}{1-\cos x}=$___________________.

二、计算题.

1．设 $x_1=10$，$x_{n+1}=\sqrt{6+x_n}$ $(n=1,2,\cdots)$，证明数列 $\{x_n\}$ 的极限存在，并求 $\lim\limits_{n\to\infty}x_n$.

2．求 $\lim\limits_{x\to 0}\left[\dfrac{2+\mathrm{e}^{\frac{1}{x}}}{1+\mathrm{e}^{\frac{4}{x}}}+\dfrac{\sin x}{|x|}\right]$.

3．设 $0<x_1<3$，$x_{n+1}=\sqrt{x_n(3-x_n)}$ $(n=1,2,\cdots)$，证明数列 $\{x_n\}$ 的极限存在，并求 $\lim\limits_{n\to\infty}x_n$.

4．已知 $0<x_1<\pi$，$x_{n+1}=\sin x_n$ $(n=1,2,\cdots)$，

(1) 证明 $\lim\limits_{n\to\infty}x_n$ 存在，并求其值；

(2) 计算 $\lim\limits_{n\to\infty}\left(\dfrac{x_{n+1}}{x_n}\right)^{\frac{1}{x_n^{2}}}$.

班级___________　　姓名___________　　学号___________

第二章　导数与微分

第一节　导数的概念

1．根据定义求函数 $f(x)$ 的导数.

（1） $f(x)=\cos x$.

（2） $f(x)=\begin{cases}\sin x, & x>0,\\ x, & x\leqslant 0.\end{cases}$

2．设 $f(x)$ 是偶函数，且 $f'(0)$ 存在，证明 $f'(0)=0$.

3．设 $f(x)$ 在点 $x=x_0$ 处可导，且 $f(x_0)\neq 0$ ，证明 $|f(x)|$ 在点 $x=x_0$ 处也可导；若 $f(x_0)=0$ ，问结论是否仍成立?

4．已知 $f(x)$ 在点 x_0 处可导，求下列极限.

（1） $\lim\limits_{h\to 0}\dfrac{f(x_0+2h)-f(x_0)}{h}$.

（2） $\lim\limits_{h\to 0}\dfrac{f(x_0)-f(x_0-h)}{h}$.

（3） $\lim_{n\to\infty} n\left[f\left(x_0+\frac{1}{n}\right)-f(x_0)\right]$.

（4）设 $f(0)=0$，$f'(0)=2$，求 $\lim_{x\to 0}\frac{f(x)}{x}$.

5．在曲线 $y=\mathrm{e}^x$ 上求一点，使曲线在该点处的切线过原点.

6．设 $f(x)=\begin{cases}\mathrm{e}^x+1, & x\leqslant 0,\\ ax+b, & x>0,\end{cases}$ 试确定 a,b 的值使 $f(x)$ 在点 $x=0$ 处可导.

7．设 $f(x)=(x^2-1)g(x)$，其中 $g(x)$ 在点 $x=1$ 的某个邻域内有定义，问 $g(x)$ 应满足什么条件才能确保 $f(x)$ 在 $x=1$ 处可导.

8．考察下列函数在分段点处的连续性和可导性.

（1） $f(x)=\begin{cases}x\arctan\frac{1}{x}, & x\neq 0,\\ 0, & x=0.\end{cases}$

（2） $f(x)=\begin{cases}\ln x, & x\geqslant 1,\\ x-1, & x<1.\end{cases}$

班级__________　　姓名__________　　学号__________

第二节　函数的的求导法则

1．求下列函数的导数.

（1）$y=-x^{-3}\ln x+\cos x$.

（2）$y=\dfrac{1}{\ln x}$.

（3）$y=\dfrac{1+\sin x}{1+\cos x}$.

（4）$y=\dfrac{\sin x}{x}$.

（5）$y=\dfrac{1-\ln x}{1+\ln x}$.

2．求下列函数的导数.

（1）$y=(2x+5)^4$.

（2）$y=\ln(2+\cos x)$.

（3）$y=\mathrm{e}^{-\cos x}$.

（4）$y=\sqrt{a^2-x^2}$.

（5）$y=\tan\dfrac{1}{1+x^2}$.

（6）$y=\arccos\dfrac{1}{x}$.

（7）$y=\arccos\mathrm{e}^{-x}$.

（8）$y=\dfrac{1}{\sqrt{1-x^2}}$.

（9）$y=\ln(x+\sqrt{a^2+x^2})$.

（10）$y=\ln(\sec x+\tan x)$.

班级__________ 姓名__________ 学号__________

（11） $y=\sqrt{1+\ln^2 x}$.

（12） $y=\arctan\dfrac{x+1}{x-1}$.

（13） $y=\ln\left[\ln(\ln x)\right]$.

（14） $y=(x-\sin 2x)^{100}+x\mathrm{e}^{-x}$.

（15） $y=(\arcsin x^2)^2$.

（16） $y=\mathrm{e}^{\sin\frac{1}{x}}$.

（17） $y=\mathrm{ch}(\mathrm{sh}x)$.

（18） 已知 $\mathrm{arsh}x=\ln(x+\sqrt{1+x^2})$ ，求 $\mathrm{arsh}'x$.

（19） 已知 $\mathrm{arch}x=\ln(x+\sqrt{x^2-1})$ ，求 $\mathrm{arch}'x$.

3．设 $f(x)$ 在 $(-l,l)$ 内可导，试证明：如果 $f(x)$ 是偶函数，那么 $f'(x)$ 是奇函数.（如果 $f(x)$ 是奇函数呢？）

4．设 $f(u)$ 可导，试求下列函数的导数.

（1） $y=f(x^2)$.

（2） $y=\sin f(x^2)$.

班级____________　　姓名______________　　学号____________

第三节　高阶导数

1．求下列函数的二阶导数.

（1）$y=\ln(1-x^2)$.

（2）$y=\sqrt{a^2-x^2}$.

（3）$y=\arctan 2x$.

（4）$y=f(\mathrm{e}^{-x})$（$f''(u)$ 存在）.

（5）$y=f(\ln x)$（$f''(u)$ 存在）.

2．求函数 $y=\begin{cases}x^2, & x\geqslant 0\\ -x^2, & x<0\end{cases}$ 的二阶导数.

3．设 $P(x)=a_nx^n+a_{n-1}x^{n-1}+\cdots+a_0$，试求 $P(x)$ 在 $x=0$ 的 k 阶导数 $(k=1,\cdots,n)$.

班级___________ 姓名___________ 学号___________

4．试从 $\dfrac{\mathrm{d}x}{\mathrm{d}y}=\dfrac{1}{y'}$ 中导出下列各式：

（1） $\dfrac{\mathrm{d}^2x}{\mathrm{d}y^2}=-\dfrac{y''}{(y')^3}$.

（2） $\dfrac{\mathrm{d}^3x}{\mathrm{d}y^3}=\dfrac{3(y'')^2-y'y'''}{(y')^5}$.

5．求下列函数的 n 阶导数.

（1） $y=\sin^2 x$.

（2） $y=\dfrac{1}{x(x-1)}$.

（3） $y=x^2\sin^2 x$.

6．求函数 $f(x)=x^2\ln(1+x)$ 在点 $x=0$ 处的 n 阶导数 $f^{(n)}(0)\,(n\geqslant 3)$.

班级____________ 姓名______________ 学号____________

第四节 隐函数及参数方程所确定的函数的导数、相关变化率

1．求下列函数的导数.

（1） $y=\dfrac{x\sqrt{x+1}}{(x+2)^2}$.

（2） $y=\left(\dfrac{x}{1+x}\right)^x$.

（3） $y=(1+x^2)^{\sin x}+(x+\sqrt{1+x^2})^x$.

（4） $y=x^{e^x}$.

2．求由下列方程所确定的隐函数 $y=y(x)$ 的导数 $\dfrac{dy}{dx}$.

（1） $xy=e^{x+y}$.

（2） $y=\tan(x+y)$.

（3） $\arctan\dfrac{y}{x}=\ln\sqrt{x^2+y^2}$.

（4） $x^3+y^3-3xy=0$.

班级__________　　姓名____________　　学号__________

3．设由方程 $e^x - e^y = xy$ 所确定的隐函数为 $y = y(x)$，试求 $\frac{d^2 y}{dx^2}\Big|_{x=0}$．

4．求由方程 $\sin(x+y) = y^2\cos x$ 所确定的曲线在点 $(0,0)$ 处的切线方程.

5．写出曲线 $\begin{cases} x = \dfrac{3at}{1+t^2} \\ y = \dfrac{3at^2}{1+t^2} \end{cases}$ 在点 $t=2$ 处的切线方程.

6．证明：曲线 $\begin{cases} x = a\left(\ln\tan\dfrac{t}{2} + \cos t\right) \\ y = a\sin t \end{cases}$ 上任一点的切线与 x 轴的交点到切点的距离为常数，其中 $a>0,\ 0<t<\pi$.

7．求由参数方程所确定的函数的二阶导数 $\frac{d^2 y}{dx^2}$.

（1）$\begin{cases} x = t - \ln(1+t), \\ y = t^3 + t^2. \end{cases}$

班级__________ 姓名__________ 学号__________

（2）$\begin{cases} x = 1 + e^{at}, \\ y = at + e^{-at}. \end{cases}$

（3）$\begin{cases} x = f'(t), \\ y = tf'(t) - f(t), \end{cases}$ $f''(t)$ 存在且不为 0.

8. 落在平静水面上的石头会产生同心波纹. 若最外一圈波半径的增大率恒为 6 m/s，问在 2 s 时未扰动水面面积的增大率是多少?

9. 向深 8 m、上顶直径 8 m 的正圆锥形容器内注水，其速率为 4 m^3/min. 问当水深为 5 m 时，其表面上升的速率是多少?

班级____________　　　　姓名______________　　　　学号____________

第五节　微分

1．试求 $y=x^2+1$ 在 $x=2$，而 $\Delta x=0.01$ 时的 Δy 与 $\mathrm{d}y$．

2．求下列函数的微分.

（1） $y=\cos^2(1-x^2)$．

（2） $y=\mathrm{e}^{-x}\sin 3x$．

（3） $y=\arcsin\sqrt{1-x^2}$．

（4） $y=\arctan\dfrac{a}{x}+\ln\sqrt{\dfrac{x-a}{x+a}}$．

3．填空题.

（1） d________________ $=\cos t\mathrm{d}t$．

（2） d________________ $=\sin x\mathrm{d}x$．

（3） d________________ $=\sec^2 3x\mathrm{d}x$．

（4） d________________ $=\dfrac{1}{\sqrt{x}}\mathrm{d}x$．

4．利用微分形式的不变性求函数

$$y=\cos\left[\ln\left(x^2+\mathrm{e}^{-\frac{1}{x}}\right)\right]$$

的微分 $\mathrm{d}y$．

5．利用微分求下列各近似值.

（1） $\ln 1.01$．

（2） $\sqrt{60}$．

班级__________ 姓名__________ 学号__________

导数与微分自测题

一、填空题.

1．设 $f(t)=\lim\limits_{x\to\infty}t\left(\dfrac{x+t}{x-t}\right)^{x}$，则 $f'(t)=$__________.

2．对数螺旋线 $\rho=\mathrm{e}^{\theta}$ 在点 $(\rho,\theta)=\left(\mathrm{e}^{\frac{\pi}{2}},\dfrac{\pi}{2}\right)$ 处的切线的直角坐标方程为__________.

3．若函数 $y=y(x)$ 由方程 $\mathrm{e}^{y}+6xy+x^{2}-1=0$ 所确定，则 $y''(0)=$__________.

4．若函数 $y=f(x)$ 由方程 $xy+2\ln x=y^{4}$ 所确定，则曲线 $y=f(x)$ 在点 $(1,1)$ 处的切线方程是____________________.

5．设 $f(x)=\begin{cases}x^{\lambda}\cos\dfrac{1}{x}, x\neq 0,\\ 0, \qquad x=0,\end{cases}$ 其导函数在点 $x=0$ 处连续，则 λ 的取值范围是__________.

6．曲线 $y=\ln x$ 与直线 $x+y=1$ 垂直的切线方程为__________.

二、选择题.

1．设 $f(x)$ 可导，$F(x)=f(x)(1+|\sin x|)$，则 $f(0)=0$ 是 $F(x)$ 在 $x=0$ 处可导的（　　）.

（A）充分必要条件　　（B）充分但非必要条件

（C）必要但非充分条件　　（D）既非充分又非必要条件

2．设 $f(x)=\begin{cases}\dfrac{1-\cos x}{\sqrt{x}}, x>0,\\ x^{2}g(x),\quad x\leqslant 0,\end{cases}$ 其中 $g(x)$ 是有界函数，则 $f(x)$ 在 $x=0$（　　）.

（A）极限不存在　　（B）极限存在，但不连续

（C）连续但不可导　　（D）可导

3．设 $f(0)=0$，则 $f(x)$ 在 $x=0$ 处可导的一个充分必要条件是（　　）.

（A）$\lim\limits_{h\to 0}\dfrac{f(1-\cos h)}{h^{2}}$ 存在　　（B）$\lim\limits_{h\to 0}\dfrac{f(1-\mathrm{e}^{h})}{h}$ 存在

（C）$\lim\limits_{h\to 0}\dfrac{f(h-\sin h)}{h^{2}}$ 存在　　（D）$\lim\limits_{h\to 0}\dfrac{f(2h)-f(h)}{h}$ 存在

4．设函数 $f(x)$ 连续，且 $f'(0)>0$，则存在 $\delta>0$，使得（　　）.

（A）$f(x)$ 在 $(0,\delta)$ 内单调增加　　（B）$f(x)$ 在 $(-\delta,0)$ 内单调减少

（C）对任意 $x\in(0,\delta)$，有 $f(x)>f(0)$　　（D）对任意 $x\in(-\delta,0)$，有 $f(x)>f(0)$

5．设函数 $f(x)=\lim\limits_{n\to\infty}\sqrt[n]{1+|x|^{3n}}$，则 $f(x)$ 在 $(-\infty,+\infty)$ 内（　　）.

（A）处处可导　　（B）恰好有一个不可导点

（C）恰好有两个不可导点　　（D）至少有三个不可导点

6．设函数 $y=f(x)$ 具有二阶导数，且 $f'(x)>0, f''(x)>0$，Δx 为自变量 x 在点 x_0 的增量，Δy 和 $\mathrm{d}y$ 分别为函数 $f(x)$ 在点 x_0 处对应的增量与微分，若 $\Delta x>0$，则（　　）.

（A）$0<\mathrm{d}y<\Delta y$　　（B）$0<\Delta y<\mathrm{d}y$

（C）$\Delta y<\mathrm{d}y<0$　　（D）$\mathrm{d}y<\Delta y<0$

7．设函数 $g(x)$ 可微，$h(x)=\mathrm{e}^{1+g(x)}$，$h'(1)=1$，$g'(1)=2$，则 $g(1)=$（　　）.

（A）$\ln 3-1$　　（B）$-\ln 3-1$　　（C）$-\ln 2-1$　　（D）$\ln 2-1$

班级___________ 姓名_____________ 学号___________

第三章 微分中值定理与导数的应用

第一节 微分中值定理

1．验证 Rolle 定理对函数

$$f(x)=x^3+4x^2-7x-10$$

在区间 $[-1,2]$ 的正确性.

2．若 $f(x)$ 在 (a,b) 内有二阶导数，且

$$f(x_1)=f(x_2)=f(x_3)$$

其中 $a<x_1<x_2<x_3<b$，证明：在 (x_1,x_3) 中至少存在一点 ξ 使得 $f''(\xi)=0$.

3．设 $f(x)$ 在 $[a,b]$ 上连续，在 (a,b) 内二阶可导，连接点 $A(a,f(a))$ 与 $B(b,f(b))$ 的直线段与曲线 $y=f(x)$ 相交于点 $C(c,f(c))$，其中 $a<c<b$，证明：$\exists\xi\in(a,b)$ 使得 $f''(\xi)=0$.

4．设 $a_0+\frac{a_1}{2}+\frac{a_2}{3}+\cdots+\frac{a_n}{n+1}=0$，证明：在 $(0,1)$ 内存在一点 ξ 使得 $a_0+a_1\xi+\cdots+a_n\xi^n=0$.

班级＿＿＿＿＿＿＿　　姓名＿＿＿＿＿＿＿　　学号＿＿＿＿＿＿＿

5．设 $f(x)$ 在 $[0,1]$ 上二阶可导，且 $f(0)=f(1)$，问是否存在一点 $\xi\in(0,1)$，使得 $f''(\xi)=\dfrac{2f'(\xi)}{1-\xi}$.

6．应用拉格朗日中值定理证明下列不等式.

（1）$|\sin x-\sin y|\leqslant|x-y|$.

（2）$\mathrm{e}^x>\mathrm{e}x,(x>1)$.

（3）$\dfrac{a-b}{a}<\ln\dfrac{a}{b}<\dfrac{a-b}{b}$，其中 $a>b>0$.

7．证明方程 $2x^5+7x-1=0$ 有且仅有一个正根.

8．设 $\lim\limits_{x\to\infty}f'(x)=k$，求 $\lim\limits_{x\to\infty}[f(x+a)-f(x)]$.

9．设 $|f'(x)|<g'(x)$，证明：

$$|f(x)-f(a)|<g(x)-g(a)\ \ (x>a)$$

10．证明恒等式：$\arcsin x+\arccos x=\dfrac{\pi}{2},\ |x|\leqslant 1$.

班级__________　　　姓名__________　　　学号__________

第二节　洛必达法则

1．求下列极限.

（1）$\lim\limits_{x\to 0}\dfrac{x-x\cos x}{x-\sin x}$.

（2）$\lim\limits_{x\to 0}\dfrac{\tan x-x}{x-\sin x}$.

（3）$\lim\limits_{x\to 0}\dfrac{\ln\cos ax}{\ln\cos bx}$.

（4）$\lim\limits_{x\to a}\dfrac{a^x-x^a}{x-a}\ (x>a)$.

（5）$\lim\limits_{x\to\frac{\pi}{6}}\dfrac{1-2\sin x}{\cos 3x}$.

（6）$\lim\limits_{x\to 0}\left(\dfrac{1}{x}-\dfrac{1}{e^x-1}\right)$.

（7）$\lim\limits_{x\to 1}\left(\dfrac{1}{\ln x}-\dfrac{1}{x-1}\right)$.

（8）$\lim\limits_{x\to 1}x^{\frac{1}{1-x}}$.

（9）$\lim\limits_{x\to\pi}(x-\pi)\tan\dfrac{x}{2}$.

（10）$\lim\limits_{x\to 0}\dfrac{(1+x)^{\frac{1}{x}}-e}{x}$.

班级__________ 姓名__________ 学号__________

（11） $\lim\limits_{x\to+\infty}\left(\dfrac{2}{\pi}\arctan x\right)^{x}$.

（12） $\lim\limits_{x\to\infty}\left(\dfrac{a^{\frac{1}{x}}+b^{\frac{1}{x}}}{2}\right)^{x}$.

（13） $\lim\limits_{x\to\infty}\left[x-x^{2}\ln\left(1+\dfrac{1}{x}\right)\right]$.

2. 设 $f(x)$ 在点 $x=0$ 处二阶可导，且 $f(0)=0$，$f'(0)=1$，试计算 $\lim\limits_{x\to0}\dfrac{f(x)-x}{x^{2}}$.

3．设 $f(x)$ 在点 x_0 处二阶可导，试证明：

$$\lim_{h\to0}\frac{f(x_0+h)+f(x_0-h)-2f(x_0)}{h^{2}}=f''(x_0)$$

4．确定 a 的值使 $f(x)=\begin{cases}\left(\dfrac{\sin x}{x}\right)^{\frac{1}{x^{2}}}, & x\neq0\\ a, & x=0\end{cases}$ 在点 $x=0$ 处连续.

班级__________ 姓名__________ 学号__________

第三节　泰勒公式

1．按 $x-1$ 的幂展开函数 $f(x)=x^4-2x^2-x+3$．

2．用泰勒公式求下列极限.

（1）$\lim\limits_{x\to 0}\dfrac{x\sin x-2(1-\cos x)}{x^4}$．

（2）$\lim\limits_{x\to\infty}\left[x-x^2\ln\left(1+\dfrac{1}{x}\right)\right]$．

（3）$\lim\limits_{x\to+\infty}(\sqrt[3]{x^3+3x^2}-\sqrt[4]{x^4-2x^3})$．

（4）$\lim\limits_{x\to 0}\dfrac{1+\dfrac{1}{2}x^2-\sqrt{1+x^2}}{(\cos x-\mathrm{e}^{x^2})\sin x^2}$．

（5）设 $f(x)$ 在点 $x=0$ 处二阶可导，且 $f(0)=0$，$f'(0)=1$，求 $\lim\limits_{x\to 0}\dfrac{f(x)-x}{x^2}$．

班级____________ 姓名______________ 学号____________

第四节 函数的单调性与极值

1．求下列函数的单调区间.

（1） $y=2x^2-\ln x$

（2） $y=\left(1+\dfrac{1}{x}\right)^x \ (x>0)$.

2．证明：方程 $x^n+x^{n-1}+\cdots+x=1\ (n\geqslant 2)$ 在区间 $(0,1)$ 内只有一个实根.

3．设 $f(x)$ 在 $[a,+\infty)$ 上连续可导， $f(a)<0$ ， $f'(x)>1$ ，证明方程 $f(x)=0$ 在 $(a,+\infty)$ 内只有一个实根.

4．证明下列不等式.

（1） $x\in\left(0,\dfrac{\pi}{2}\right)$ 时， $\tan x>x+\dfrac{1}{3}x^3$.

（2） $x>0$ 时， $\ln(1+x)>\dfrac{\arctan x}{1+x}$.

班级＿＿＿＿＿＿　　姓名＿＿＿＿＿＿　　学号＿＿＿＿＿＿

（3） $x>0$ 时， $\ln(1+x)<\dfrac{x}{\sqrt{1+x}}$.

（4）当 $0<x_1<x_2<\dfrac{\pi}{2}$ 时, $x_1\tan x_2>x_2\tan x_1$.

5．设 $f(x)$ 在 $x\geqslant 0$ 时二阶可导，且 $f''(x)<0$， $f(0)=0$，试证明：对任意正数 x_1,x_2，有 $f(x_1+x_2)<f(x_1)+f(x_2)$.

6．求下列函数的极值.

（1） $y=x^{\frac{1}{x}}$，并求下列数列的最大值

$$1,\sqrt[2]{2},\sqrt[3]{3},\cdots,\sqrt[n]{n}\cdots$$

（2） $y=\dfrac{x^3}{3-x^2}$.

（3）函数 $y(x)$ 由方程 $x^3+y^3-3x+3y=2$ 所确定，求 $y(x)$ 的极值.

班级____________　　　　姓名______________　　　　学号____________

7．已知 $f(x)$ 在点 $x=0$ 的某一邻域内连续，且 $\lim\limits_{x\to 0}\dfrac{f(x)}{1-\cos x}=2$，试证明：$f(x)$ 在点 $x=0$ 处取得极小值.

8．求下列函数在给定区间内的最大最小值.

（1）$y=x^4-8x^2+2$，其中 $-1\leqslant x\leqslant 3$.

（2）$y=\max(x^2,(1-x)^2)$，其中 $0\leqslant x\leqslant 1$.

9．证明：$\dfrac{2}{\pi}x<\sin x<x\ \left(0<x<\dfrac{\pi}{2}\right)$.

10．讨论方程 $\ln x=ax\ (a>0)$ 的实根个数.

11．有一圆柱形桶，容积为 V，问底半径与高之比应为多少才使其表面积最小?

班级__________ 姓名__________ 学号__________

第五节 曲线的凹凸性与函数图形、曲率

1. 讨论下列函数的凹凸性，并问是否有拐点？

（1） $y=2x^3+3x^2-12x+14$.

（2） $y=x\mathrm{e}^{-x}$.

（3） $y=ax^3+bx^2$，问当 a,b 为何值时，点 $(1,3)$ 是它的拐点？

2．已知 $f(x)=x^3+ax^2+bx$ 在点 $x=1$ 处有极值 -2，求 a,b，并求 $f(x)$ 的所有极值及曲线 $y=f(x)$ 的拐点.

3．$f(x)$ 在点 x_0 的某一邻域内有三阶连续导数，若 $f'(x_0)=f''(x_0)=0$，而 $f'''(x_0)\neq 0$，问 x_0 是否为极值点？$(x_0,f(x_0))$ 是否为拐点？

班级____________　　姓名______________　　学号____________

4．试证明：$\frac{1}{2}(x^n+y^n)>\left(\frac{x+y}{2}\right)^n$，其中 $x>0$, $y>0$, $x\neq y$.

5．描绘函数 $y=\mathrm{e}^{-\frac{1}{x}}$ 的图形.

6．求下列函数在给定点处的曲率.

（1） $4x^2+y^2=4$ 在点 $(0,2)$ 处.

（2） $\begin{cases}x=t-\sin t\\ y=1-\cos t\end{cases}$ 在点 $t=\frac{\pi}{2}$ 处.

7．设某一工件的截面曲线为 $y=0.4x^2$，若用砂轮磨光表面，问砂轮半径为多少才合适?

8．在曲线 $y=\ln x$ 上求一点，使其曲率半径最小.

班级____________ 姓名____________ 学号____________

微分中值定理与导数的应用自测题

一、选择题.

1．在 $[0,1]$ 上 $f''(x)>0$，则 $f'(0),f'(1),f(1)-f(0)$ 或 $f(0)-f(1)$ 的大小顺序是（　　）.

（A）$f'(1)>f'(0)>f(1)-f(0)$　　（B）$f'(1)>f(1)-f(0)>f'(0)$

（C）$f(1)-f(0)>f'(1)>f'(0)$　　（D）$f'(1)>f(0)-f(1)>f'(0)$

2．设 $f(x)$ 有二阶连续导数，且 $f'(0)=0$，$\lim\limits_{x\to0}\dfrac{f''(x)}{|x|}=1$，则（　　）.

（A）$f(0)$ 是 $f(x)$ 的极大值

（B）$f(0)$ 是 $f(x)$ 的极小值

（C）$(0,f(0))$ 是曲线 $y=f(x)$ 的拐点

（D）$f(0)$ 不是 $f(x)$ 的极值，$(0,f(0))$ 也不是曲线 $y=f(x)$ 的拐点

3．设 $f(x),g(x)$ 是恒大于零的可导函数，且 $f'(x)g(x)-f(x)g'(x)<0$，则当 $a<x<b$ 时，有（　　）.

（A）$f(x)g(b)>f(b)g(x)$　　（B）$f(x)g(a)>f(a)g(x)$

（C）$f(x)g(x)>f(b)g(b)$　　（D）$f(x)g(x)>f(a)g(a)$

4．设函数 $y=f(x)$ 在 $(0,+\infty)$ 内有界可导，则（　　）.

（A）当 $\lim\limits_{x\to+\infty}f(x)=0$ 时，必有 $\lim\limits_{x\to+\infty}f'(x)=0$

（B）$\lim\limits_{x\to+\infty}f'(x)$ 存在时，必有 $\lim\limits_{x\to+\infty}f'(x)=0$

（C）当 $\lim\limits_{x\to0^+}f(x)=0$ 时，必有 $\lim\limits_{x\to0^+}f'(x)=0$

（D）$\lim\limits_{x\to0^+}f'(x)$ 存在时，必有 $\lim\limits_{x\to0^+}f'(x)=0$

5．设函数 $f(x)$ 在 $(-\infty,+\infty)$ 内连续，其导数的图形如右图所示，则 $f(x)$（　　）.

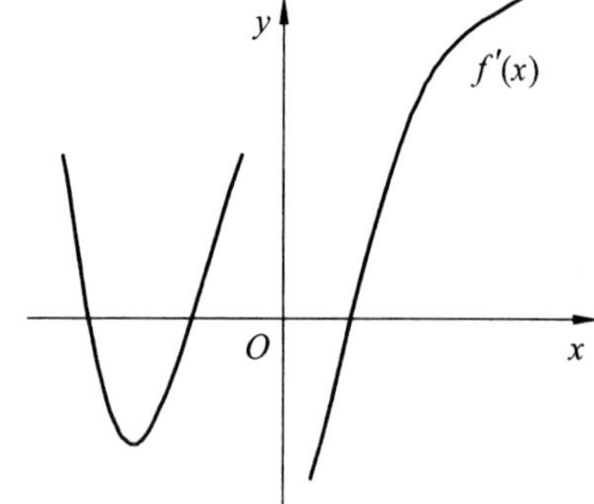

（A）一个极小值点和两个极大值点

（B）两个极小值点和一个极大值点

（C）两个极小值点和两个极大值点

（D）三个极小值点和一个极大值点

二、计算与证明题.

1．设函数 $f(x)$ 在 $[0,1]$ 上具有二阶导数，且满足 $|f(x)|\leqslant a$，$|f''(x)|\leqslant b$，其中 a,b 都是非负常数，c 是 $(0,1)$ 内任意一点，证明 $|f'(c)|\leqslant 2a+\dfrac{b}{2}$.

2．证明：当 $x>0$ 时，$(x^2-1)\ln x\geqslant(x-1)^2$.

3．设 $f(x)$ 在 $(-1,1)$ 内具有二阶连续导数，且 $f''(x)\neq0$，证明：

（1）对于 $(-1,1)$ 内的任一点 $x\neq0$，存在唯一的 $\theta(x)\in(0,1)$，使得 $f(x)=f(0)+xf'(\theta(x)x)$；

（2）$\lim\limits_{x\to0}\theta(x)=\dfrac{1}{2}$.

4．设 $0<a<b$，证明：$\dfrac{2a}{a^2+b^2}<\dfrac{\ln b-\ln a}{b-a}<\dfrac{1}{\sqrt{ab}}$.

5．设函数 $f(x)$ 在点 $x=0$ 的某邻域内具有一阶连续导数，且 $f(0)\neq0,f'(0)\neq0$，若 $af(h)+bf(2h)-f(0)$ 是当 $h\to0$ 时比 h 高阶的无穷小，试确定 a,b 的值.

班级____________ 姓名____________ 学号____________

6．设函数

$$f(x)=\begin{cases}\dfrac{\ln(1+ax^3)}{x-\arcsin x} & x<0\\ 6 & x=0\\ \dfrac{\mathrm{e}^{ax}+x^2-ax-1}{x\sin\dfrac{x}{4}} & x>0\end{cases}$$

（1）当 a 为何值时，函数 $f(x)$ 在点 $x=0$ 连续；

（2）当 a 为何值时，点 $x=0$ 是函数 $f(x)$ 的可去间断点.

7．讨论曲线 $y=4\ln x+k$ 与 $y=4x+\ln^4 x$ 的交点个数.

8．设 $\mathrm{e}<a<b<\mathrm{e}^2$，证明：$\ln^2 b-\ln^2 a>\dfrac{4}{\mathrm{e}^2}(b-a)$.

9．已知函数 $f(x)$ 在 $[0,1]$ 上连续，在 $(0,1)$ 内可导，且 $f(0)=0$，$f(1)=1$，证明：

（1）存在一点 $\xi\in(0,1)$，使得 $f(\xi)=1-\xi$；

（2）存在两个不同的点 $\eta_1,\eta_2\in(0,1)$，使得 $f'(\eta_1)f'(\eta_2)=1$.

10．试确定 A,B,C 的值，使得 $\mathrm{e}^x(1+Bx+Cx^2)=1+Ax+o(x^3)$，其中 $o(x^3)$ 是当 $x\to 0$ 时比 x^3 高阶的无穷小.

11．设不恒为常数的函数 $f(x)$ 在 $[a,b]$ 上连续，在 (a,b) 内可导，且 $f(a)=f(b)$，证明：存在一点 $\xi\in(a,b)$，使得 $f'(\xi)>0$.

班级____________ 姓名______________ 学号____________

第四章 不定积分

第一节 不定积分的概念与性质

1．求下列不定积分.

（1） $I=\int\frac{x^2\mathrm{d}x}{\sqrt[3]{x}}$.

（2） $I=\int\frac{\sqrt{x}-x^3\mathrm{e}^x+x^2}{x^3}\mathrm{d}x$.

（3） $I=\int\frac{\mathrm{e}^{2x}-1}{\mathrm{e}^x+1}\mathrm{d}x$.

（4） $I=\int 4^x\mathrm{e}^x\mathrm{d}x$.

（5） $I=\int\sec x(\sec x-\tan x)\mathrm{d}x$.

（6） $I=\int\frac{\mathrm{d}x}{1+\cos 2x}$.

（7） $I=\int\left(1-\frac{1}{x^2}\right)\sqrt{x\sqrt{x}}\mathrm{d}x$.

（8） $f(x)=\begin{cases}x+1, x\leqslant 1,\\ 2x, \quad x>1,\end{cases}$ 求 $\int f(x)\mathrm{d}x$.

2．一曲线通过点 $(\mathrm{e}^2,3)$ ，且在曲线上任一点处的切线斜率等于该点的横坐标倒数，求曲线方程.

3．一物体由静止开始做直线运动，经 t 秒后速度是 $3t^2\mathrm{m/s}$ ，问：

（1）在 3 s 后物体离出发点的距离是多少？

（2）物体走完 360 m 需多少时间？

班级____________ 姓名______________ 学号____________

第二节 换元积分法

1. 求下列不定积分.

(1) $\int \frac{2x-3}{x^2-3x+8}\mathrm{d}x$.

(2) $\int \tan x\mathrm{d}x$.

(3) $\int \frac{\sin x}{1+\cos x}\mathrm{d}x$.

(4) $\int \frac{1}{x^2}\cos\frac{1}{x}\mathrm{d}x$.

(5) $\int \frac{1}{\sqrt{x}(1+x)}\mathrm{d}x$.

(6) $\int \frac{x^3}{\sqrt{x^8-4}}\mathrm{d}x$.

(7) $\int \frac{x}{\sqrt{1-x^2}}\mathrm{d}x$.

(8) $\int \frac{\arctan\sqrt{x}}{\sqrt{x}(1+x)}\mathrm{d}x$.

(9) $\int \mathrm{e}^{\mathrm{e}^x+x}\mathrm{d}x$.

(10) $\int \frac{\mathrm{d}x}{1+\mathrm{e}^{2x}}$.

(11) $\int \frac{x^2}{(x-1)^{100}}\mathrm{d}x$.

班级____________ 姓名______________ 学号____________

（12） $\int\frac{\mathrm{d}x}{x+\sqrt{a^2-x^2}}\ (a>0)$.

（13） $\int\sqrt{a^2-x^2}\mathrm{d}x\ (a>0)$.

（14） $\int\frac{x+1}{x^2\sqrt{x^2-1}}\mathrm{d}x\ (x>1)$.

（15） $\int\frac{x\mathrm{d}x}{x+\sqrt{x^2-1}}$.

2. 试用两种换元法计算 $\int\frac{\mathrm{d}x}{x+\sqrt{a^2+x^2}}(a>0)$.

3．计算 $\int\frac{\sqrt{x^2-a^2}\mathrm{d}x}{x}\ (a>0)$.

班级__________ 姓名__________ 学号__________

第三节 分部积分法

1．计算下列不定积分.

（1） $I=\int x\sin 2x\mathrm{d}x$.

（2） $I=\int x^2\mathrm{e}^{-x}\mathrm{d}x$.

（3） $I=\int x\mathrm{sh}x\mathrm{d}x$.

（4） $I=\int x^2\arctan x\mathrm{d}x$.

（5） $I=\int x^2\ln(1+x)\mathrm{d}x$.

（6） $I=\int \arctan\sqrt{x}\mathrm{d}x$.

（7） $I=\int x\arcsin x\mathrm{d}x$.

（8） $I=\int \sin(\ln x)\mathrm{d}x$.

（9） $I=\int \sin x\ln(\tan x)\mathrm{d}x$.

（10） $I=\int \mathrm{e}^{\sqrt{x}}\mathrm{d}x$.

班级__________ 姓名__________ 学号__________

（11） $I=\int x\ln\frac{1+x}{1-x}\mathrm{d}x$.

（12） $I=\int \ln(x+\sqrt{1+x^2})\mathrm{d}x$.

（13） $I=\int \frac{x^2}{\sqrt{1+x^2}}\mathrm{d}x$.

（14） $I=\int (\arcsin x)^2\mathrm{d}x$.

（15） $I=\int x\frac{\cos x}{\sin^3 x}\mathrm{d}x$.

（16） $I=\int \sqrt{x^2-a^2}\mathrm{d}x$.

（17） $I=\int \frac{x^2\mathrm{e}^x}{(x+2)^2}\mathrm{d}x$.

（18） $I=\int \frac{x}{1+\cos x}\mathrm{d}x$.

班级__________ 姓名____________ 学号__________

(19) $I=\int\sqrt{1-x^2}\arcsin x\mathrm{d}x$.

(20) $I=\int \mathrm{e}^{\sin x}\dfrac{x\cos^3 x-\sin x}{\cos^2 x}\mathrm{d}x$.

(21) $I=\int x\cos^2 x\mathrm{d}x$.

2．已知 $\dfrac{\sin x}{x}$ 是 $f(x)$ 的一个原函数，求 $\int xf'(x)\mathrm{d}x$.

3．设 $f'(\mathrm{e}^x)=1+x$，求 $f(x)$.

4．设 $I_n=\int x(\ln x)^n\mathrm{d}x$，试建立 I_n 的递推公式.

班级__________　　姓名__________　　学号__________

第四节　有理函数的积分

1．求下列不定积分.

（1）$\int\frac{\mathrm{d}x}{x(x-1)^2}$.

（2）$\int\frac{x^2\mathrm{d}x}{1-x}$.

（3）$\int\frac{3\mathrm{d}x}{x^3+1}$.

（4）$\int\frac{x^2+2}{x^2+x+1}\mathrm{d}x$.

（5）$\int\frac{x^3}{(x^2-1)^{100}}\mathrm{d}x$.

（6）$\int\frac{x^{11}}{(x^6+6)^3}\mathrm{d}x$.

（7）$\int\frac{x^5}{x^{12}-1}\mathrm{d}x$.

（8）$\int\frac{\mathrm{d}x}{x(x^{10}-2)}$.

（9）$\int\frac{x(1-x^2)}{1+x^4}\mathrm{d}x$.

2．求下列不定积分.

（1）$\int\frac{\mathrm{d}x}{2+\sin x}$.

班级__________　　姓名__________　　学号__________

（2）$\int\frac{1+\sin x}{\sin x(1+\cos x)}\mathrm{d}x$.

（3）$\int\frac{\tan x}{\sin^2 x+2\cos^2 x}\mathrm{d}x$.

3．求下列不定积分.

（1）$\int\frac{1}{x}\sqrt{\frac{1+x}{x}}\mathrm{d}x$.

（2）$\int\frac{\mathrm{d}x}{\sqrt[3]{(x+1)^2(x-1)^4}}$.

（3）$\int\frac{\mathrm{d}x}{1+\sqrt{x^2+2x+2}}$.

（4）$\int\frac{\mathrm{d}x}{\sqrt{x}+\sqrt[4]{x}}$.

（5）$\int\frac{\mathrm{d}x}{x\sqrt{5x^2+4x-1}}$.

（6）$\int\frac{x\mathrm{e}^x\mathrm{d}x}{(1+\mathrm{e}^x)^2}$.

班级____________　　　　姓名______________　　　　学号____________

不定积分自测题

1．求 $\int \frac{xe^x}{\sqrt{e^x-1}}dx$.

2．求 $\int \frac{\arctan x}{x^2(1+x^2)}dx$.

3．求 $\int \frac{\ln \sin x}{\sin^2 x}dx$.

4．求 $\int \frac{x+5}{x^2-6x+13}dx$.

5．设 $f(\ln x)=\frac{\ln x}{x}$，计算 $\int f(x)dx$.

6．求 $\int \frac{\arctan e^x}{e^{2x}}dx$.

7．设 $f(\sin^2 x)=\frac{x}{\sin x}$，求 $\int \frac{\sqrt{x}}{\sqrt{1-x}}f(x)dx$.

8．求 $\int \frac{\arcsin e^x}{e^x}dx$.

班级＿＿＿＿＿＿ 姓名＿＿＿＿＿＿ 学号＿＿＿＿＿＿

第五章 定积分

第一节 定积分的概念与性质

1．利用定积分的几何意义求下列定积分.

（1） $I=\int_{-1}^{2}2x\mathrm{d}x$； （2） $I=\int_{-\pi}^{\pi}\sin x\mathrm{d}x$.

2．比较定积分的大小：$\int_{3}^{4}\ln x\mathrm{d}x$ 与 $\int_{3}^{4}\ln^2 x\mathrm{d}x$.

3．设 $f(x),g(x)$ 在区间 $[a,b]$ 上连续，证明：

$$\int_{a}^{b}f(x)g(x)\mathrm{d}x\leqslant\frac{1}{2}\left[\int_{a}^{b}f^2(x)\mathrm{d}x+\int_{a}^{b}g^2(x)\mathrm{d}x\right]$$

4．估计定积分的值：$\int_{\frac{\pi}{4}}^{\frac{\pi}{2}}\frac{\sin x}{x}\mathrm{d}x$.

5. 计算 $\lim\limits_{n\to\infty}\int_{a}^{b}\mathrm{e}^{-nx^2}\mathrm{d}x,\ 0<a<b$.

6．设 $f(x)\in C[0,1]$ ，在 $(0,1)$ 内可导，且满足 $2\int_{0}^{\frac{1}{2}}xf(x)\mathrm{d}x=f(1)$ ，试证明在 $(0,1)$ 内存在一点 ξ 使得 $f(\xi)+\xi f'(\xi)=0$.

7．将下列极限表示为定积分.

（1） $\lim\limits_{n\to\infty}\frac{1}{n}\sum\limits_{i=1}^{n}\sqrt{1+\frac{i}{n}}$.

（2） $\lim\limits_{n\to\infty}\ln\frac{\sqrt[n]{n!}}{n}$.

（3） $\lim\limits_{n\to\infty}\frac{1^p+2^p+\cdots+n^p}{n^{p+1}}$.

8．若 $f(x)$ 在区间 $[a,b]$ 上连续、非负，而且 $\int_{a}^{b}f(x)\mathrm{d}x=0$ ，则 $f(x)\equiv 0$.

班级__________ 姓名__________ 学号__________

第二节 微积分基本公式

1．求下列变限积分的导数.

（1） $\varphi(x)=\int_0^x t\mathrm{e}^{-t^2}\mathrm{d}t$.

（2） $\varphi(x)=\int_0^{x^2}\sqrt{1+t^2}\mathrm{d}t$.

（3） $\varphi(x)=\int_{2x}^{2}\frac{\mathrm{e}^t}{t}\mathrm{d}t$.

2．求下列极限.

（1） $\lim\limits_{x\to 0}\frac{\int_0^x \cos t^2\,\mathrm{d}t}{x}$.

（2） $\lim\limits_{x\to +\infty}\frac{\left(\int_0^x \mathrm{e}^{-t^2}\,\mathrm{d}t\right)^2}{\int_0^x \mathrm{e}^{2t^2}\,\mathrm{d}t}$.

（3） $\lim\limits_{x\to a}\frac{x\int_a^x f(t)\,\mathrm{d}t}{x-a}$.

3．设 $f(x)$ 在 $[a,b]$ 上连续，证明：必存在一点 $\xi\in(a,b)$ 使得 $(\xi-b)f(\xi)+\int_a^{\xi}f(x)\mathrm{d}x=0$.

4．设 $f(x)=x^2-x\int_0^2 f(x)\mathrm{d}x+2\int_0^1 f(x)\mathrm{d}x$，试求 $f(x)$.

5．求下列定积分.

（1） $I=\int_0^{\frac{\pi}{2}}\sin 2x\mathrm{d}x$.

（2） $I=\int_0^2|1-x|\sqrt{(x-2)^2}\mathrm{d}x$.

班级____________　　姓名______________　　学号____________

（3） $I=\int_0^{\frac{\pi}{2}}\sqrt{1-\cos 2x}\mathrm{d}x$.

（4） $\int_0^{2\pi}\sqrt{1+\cos 2x}\mathrm{d}x$.

（5） $\int_0^{\frac{\pi}{2}}\sin^3 x\cos^3 x\,\mathrm{d}x$.

（6） $\int_0^{\frac{\pi}{2}}\sin x\sin 2x\sin 3x\,\mathrm{d}x$.

6．设 $f(x)=\begin{cases}x+1, & x\leqslant 1,\\ \dfrac{1}{2}x^2, & x\geqslant 1,\end{cases}$ 求 $\int_0^2 f(x)\mathrm{d}x$.

7．设 $f(x)=\begin{cases}x^2, & x\in[0,1],\\ x, & x\in[1,2],\end{cases}$ 试求

$$\Phi(x)=\int_0^x f(t)\mathrm{d}t,\quad x\in[0,2]$$

8．设 $f(x)=\begin{cases}\dfrac{1}{2}\sin x, & 0\leqslant x\leqslant \pi,\\ 0, & \text{其他},\end{cases}$ 试求

$$\Phi(x)=\int_0^x f(t)\mathrm{d}t$$

班级____________ 姓名______________ 学号____________

第三节 定积分的换元法与分部积分法

1．计算下列定积分.

（1）$\int_0^4 \frac{\mathrm{d}x}{1+\sqrt{x}}$.

（2）$\int_0^5 \frac{\mathrm{d}x}{2x+\sqrt{3x+1}}$.

（3）$\int_0^{\ln 2} \sqrt{\mathrm{e}^x-1}\,\mathrm{d}x$.

（4）$\int_{\frac{\sqrt{2}}{2}}^1 \frac{\sqrt{1-x^2}}{x^2}\mathrm{d}x$.

（5）$\int_0^a \frac{x^2}{\sqrt{a^2+x^2}}\mathrm{d}x$.

（6）$\int_1^2 \frac{\sqrt{x^2-1}}{x}\mathrm{d}x$.

（7）$\int_0^{\frac{2\pi}{3}} \frac{\mathrm{d}x}{5+4\cos x}$.

（8）$\int_0^{\frac{\pi}{4}} \frac{\mathrm{d}x}{1+a^2\cos^2 x}$.

2．证明.

（1）$\int_0^{\pi} \sin^n x\,\mathrm{d}x = 2\int_0^{\frac{\pi}{2}} \sin^n x\,\mathrm{d}x$.

班级__________　　姓名____________　　学号__________

（2）$\int_0^{\pi}\cos^{2n}x\,\mathrm{d}x=2\int_0^{\frac{\pi}{2}}\cos^{2n}x\,\mathrm{d}x$，并思考 $\int_0^{\pi}\cos^{2n+1}x\,\mathrm{d}x=?$ 其中 n 为自然数.

（3）$\int_0^1 x^m(1-x)^n\,\mathrm{d}x=\int_0^1 x^n(1-x)^m\,\mathrm{d}x$.

3．设 $\varphi(x)=\int_0^x\sin(x+t)\mathrm{d}t$，求 $\varphi'(x)$.

4．设 $\varphi(x)=\int_0^1 f(xt)\mathrm{d}t$，求 $\varphi'(x)$.

5．求下列定积分.

（1）$\int_{\frac{\pi}{4}}^{\frac{\pi}{3}}\frac{x\,\mathrm{d}x}{\sin^2 x}$.

（2）$\int_0^{\pi}x^2\sin^2 x\,\mathrm{d}x$.

（3）$\int_1^{\mathrm{e}}\ln^3 x\,\mathrm{d}x$.

6．设 $f(x)=\int_0^x \mathrm{e}^{-y^2+2y}\,\mathrm{d}y$，求 $\int_0^1(x-1)^2 f(x)\,\mathrm{d}x$.

班级__________　　姓名__________　　学号__________

7．利用 $I_n=\int_0^{\frac{\pi}{2}}\sin^n x\mathrm{d}x=\int_0^{\frac{\pi}{2}}\cos^n x\mathrm{d}x$ 的结果计算下列定积分.

（1）$I=\int_0^{\pi}\cos^8 x\mathrm{d}x$.

（2）$I=\int_0^{\frac{\pi}{4}}\cos^7 2x\mathrm{d}x$.

（3）$I=\int_0^{\pi}\sin^6\frac{x}{2}\mathrm{d}x$.

（4）$I=\int_0^{1}\sqrt{(1-x^2)^3}\,\mathrm{d}x$.

（5）$I=\int_0^{1}(1-x^2)^n\,\mathrm{d}x$.

（6）$I=\int_0^{a}x^2\sqrt{a^2-x^2}\,\mathrm{d}x$.

8．证明：$\int_0^{\pi}xf(\sin x)\mathrm{d}x=\frac{\pi}{2}\int_0^{\pi}f(\sin x)\mathrm{d}x$，并计算 $\int_0^{\pi}x\sin^m x\mathrm{d}x$.

9．计算下列定积分.

（1）$\int_{-\pi}^{\pi}\mathrm{e}^{-|x|}\cos nx\mathrm{d}x$.

（2）$\int_{-\pi}^{\pi}|x|\cos nx\mathrm{d}x$.

（3）$\int_{-1}^{1}x^n\sqrt{1-x^2}\mathrm{d}x$，$n$ 为自然数.

（4）$\int_{-1}^{1}x^2\left(\frac{\sin x}{1+x^4}+\sqrt{1-x^2}\right)\mathrm{d}x$.

班级____________ 姓名______________ 学号____________

第四节 广义积分

1．计算题.

（1）$\int_1^{+\infty}\frac{\mathrm{d}x}{x^4}$.

（2）$\int_0^{+\infty}\mathrm{e}^{-ax}\mathrm{d}x\ (a>0)$.

（3）$\int_0^{+\infty}\mathrm{e}^{-x}\sin x\mathrm{d}x$.

（4）$\int_{-\infty}^{+\infty}\frac{\mathrm{d}x}{x^2+2x+2}$.

（5）$\int_a^{+\infty}\frac{\mathrm{d}x}{x\sqrt{1+x^2}}\ (a>0)$.

（6）$\int_0^1\frac{\mathrm{d}x}{\sqrt{1-x^2}}$.

（7）$\int_0^1\frac{\mathrm{d}x}{\sqrt{x}\sqrt{1-x}}$.

（8）$\int_0^1\ln^n x\mathrm{d}x$.

2. 下列计算是否有误，若有，请给出正确结论.

（1）$\int_{-1}^1\frac{\mathrm{d}x}{x^2}=-\frac{1}{x}\Big|_{-1}^{1}=-2$.

（2）$\int_{-1}^1\frac{\mathrm{d}x}{x^3}$，由对称性可得$\int_{-1}^1\frac{\mathrm{d}x}{x^3}=0$.

班级__________ 姓名__________ 学号__________

定积分自测题

一、选择题.

1．设 $f(x)=\int_0^{\sin x}\sin t^2\mathrm{d}t$ ，$g(x)=x^3+x^4$ ，则当 $x\to 0$ 时 $f(x)$ 是 $g(x)$ 的（　　）.

(A) 等价无穷小　　(B) 同阶非等价无穷小

(C) 高阶等价无穷小　　(D) 低阶等价无穷小

2．设 $M=\int_{-\frac{\pi}{2}}^{\frac{\pi}{2}}\frac{\sin x}{1+x^2}\mathrm{d}x$ ，$N=\int_{-\frac{\pi}{2}}^{\frac{\pi}{2}}(\sin^3 x+\cos^4 x)\mathrm{d}x$ ，$P=\int_{-\frac{\pi}{2}}^{\frac{\pi}{2}}(x^2\sin^3 x-\cos^4 x)\mathrm{d}x$ ，则（　　）.

(A) $N<P<M$　　(B) $M<P<N$

(C) $N<M<P$　　(D) $P<M<N$

3．设 $f(x)$ 有连续导数，$f(0)=0$ ，$f'(0)\neq 0$ ，$F(x)=\int_0^x(x^2-t^2)f(t)\mathrm{d}t$ ，且当 $x\to 0$ 时，$F'(x)$ 与 x^k 是同阶无穷小，则 k 等于（　　）.

(A) 1　　(B) 2　　(C) 3　　(D) 4

4．设 $F(x)=\int_x^{x+2\pi}\mathrm{e}^{\sin t}\sin t\mathrm{d}t$ ，则 $F(x)$（　　）.

(A) 为正常数　　(B) 为负常数　　(C) 恒为零　　(D) 不为常数

5．设在区间 $[a,b]$ 上，$f(x)>0$ ，$f'(x)<0$ ，$f''(x)>0$ ，令

$$s_1=\int_a^b f(x)\mathrm{d}x\ ,\quad s_2=f(b)(b-a)\ ,\quad s_3=\frac{1}{2}[f(b)+f(a)](b-a)$$

则（　　）.

(A) $s_1<s_2<s_3$　　(B) $s_2<s_1<s_3$　　(C) $s_3<s_1<s_2$　　(D) $s_2<s_3<s_1$

6．设 $f(x)$ 连续，则 $\frac{\mathrm{d}}{\mathrm{d}x}\int_0^x tf(x^2-t^2)\mathrm{d}t$ 等于（　　）.

(A) $xf(x^2)$　　(B) $-xf(x^2)$　　(C) $2xf(x^2)$　　(D) $-2xf(x^2)$

7．设 $f(x)$ 连续，则下列函数中必为偶函数的是（　　）.

(A) $\int_0^x f(t^2)\mathrm{d}t$　　(B) $\int_0^x f^2(t)\mathrm{d}t$

(C) $\int_0^x t[f(t)-f(-t)]\mathrm{d}t$　　(D) $\int_0^x t[f(t)+f(-t)]\mathrm{d}t$

8．把 $x\to 0^+$ 时的无穷小量 $\alpha=\int_0^x\cos t^2\mathrm{d}t$ ，$\beta=\int_0^{x^2}\tan\sqrt{t}\mathrm{d}t$ ，$\gamma=\int_0^{\sqrt{x}}\sin t^3\mathrm{d}t$ 排列起来，使得后面一个是前一个的高阶无穷小，则正确的次序是（　　）.

(A) α,β,γ　　(B) α,γ,β　　(C) β,α,γ　　(D) β,γ,α

二、计算题.

1．设 $f(x)$ 连续，$\varphi(x)=\int_0^1 f(xt)\mathrm{d}t$ ，且 $\lim\limits_{x\to 0}\frac{f(x)}{x}=A$（$A$ 为常数），求 $\varphi'(x)$ ，并讨论 $\varphi'(x)$ 在点 $x=0$ 处的连续性.

2．设 $y=f(x)$ 是区间 $[0,1]$ 上的任一非负连续函数.

(1) 证明存在 $x_0\in(0,1)$ ，使得在区间 $[0,x_0]$ 上，以 $f(x_0)$ 为高的矩形面积等于在区间 $[x_0,1]$ 上以 $y=f(x)$ 为曲边的曲边梯形的面积.

(2) 又设 $f(x)$ 在区间 $(0,1)$ 上可导，且 $f'(x)>-\frac{2f(x)}{x}$ ，试证明(1)中的 x_0 是唯一的.

3．求 $\frac{\mathrm{d}}{\mathrm{d}x}\int_0^x\sin(x-t)^2\mathrm{d}t$.

4．设函数 $f(x)$ 在 $[0,\pi]$ 上连续，且 $\int_0^{\pi}f(x)\mathrm{d}x=0$ ，$\int_0^{\pi}f(x)\cos x\mathrm{d}x=0$ ，证明在 $(0,\pi)$ 内至少存在两

班级____________　　　　姓名______________　　　　学号____________

个不同点 ξ_1,ξ_2，使得 $f(\xi_1)=f(\xi_2)=0$．

5．求 $\int_{\mathrm{e}}^{+\infty}\frac{1}{x\ln^2 x}\mathrm{d}x$．

6．若两曲线 $y=f(x)$ 与 $y=\int_0^{\arctan x}\mathrm{e}^{-t^2}\mathrm{d}t$ 在点 $(0,0)$ 处有相同的切线，试写出其切线方程，并求极限 $\lim\limits_{n\to\infty}nf\left(\frac{2}{n}\right)$．

7．求 $\lim\limits_{n\to\infty}\frac{1}{n}\left(\sqrt{1+\cos\frac{\pi}{n}}+\sqrt{1+\cos\frac{2\pi}{n}}+\cdots+\sqrt{1+\cos\frac{n\pi}{n}}\right)$．

8．设 $f(x)=\begin{cases}2x+\frac{3}{2}x^2, -1\leqslant x<0,\\ \frac{x\mathrm{e}^x}{(1+\mathrm{e}^x)^2},\ 0\leqslant x\leqslant 1,\end{cases}$ 试求 $F(x)=\int_{-1}^{x}f(t)\mathrm{d}t$ 的表达式.

9．设函数 $y=y(x)$ 由参数方程 $\begin{cases}x=1+2t^2\\ y=\int_0^{1+2\ln t}\frac{\mathrm{e}^u}{u}\mathrm{d}u\end{cases}$ $(t>1)$ 所确定，试求 $\frac{\mathrm{d}^2y}{\mathrm{d}x^2}$.

10．设曲线 C 的方程为 $y=f(x)$，点 $(3,2)$ 是它的一个拐点，直线 L_1,L_2 分别是曲线 C 在点（0, 0）与 $(3,2)$ 处的切线，交点为 $(2,4)$，设函数 $f(x)$ 具有三阶连续导数，试计算定积分 $\int_0^3(x^2+x)f'''(x)\mathrm{d}x$．

11．设 $f(x)$ 为正值连续函数，求 $\int_0^{\frac{\pi}{2}}\frac{f(\sin x)}{f(\sin x)+f(\cos x)}\mathrm{d}x$．

12．设 $f(x)=\int_0^x\frac{\sin t}{\pi-t}\mathrm{d}t$，求 $\int_0^{\pi}f(x)\mathrm{d}x$．

13．设函数 $f(x)$ 在 $[0,1]$ 上连续，且满足 $\int_0^1 f(x)\mathrm{d}x=0$，试证明：$\exists\xi\in(0,1)$，使 $f(\xi)-f(1-\xi)=0$．

班级__________ 姓名__________ 学号__________

第六章　定积分的应用

第一节　定积分在几何学上的应用

1．求下列曲线之弧长.

（1）曲线 $y=\dfrac{\sqrt{x}}{3}(3-x)$ 在 $1\leqslant x\leqslant 3$ 上一段.

（2）抛物线 $y^2=2px\,(p>0)$ 从点 $(0,0)$ 到点 $M(x,y)$ 的一段弧长.

（3）星形线 $\begin{cases}x=a\cos^3\theta\\ y=a\sin^3\theta\end{cases}$ 的全长.

（4）对数螺线 $\rho=\mathrm{e}^{a\theta}$ 自 $\theta=0$ 到 $\theta=2\pi$ 的一段.

2．求下列图形的面积.

（1）A 由 $y=\mathrm{e}^x$, $y=\mathrm{e}+1$, $x=0$ 所围成.

（2）A 由 $y=\ln x$, $y=\ln a$, $y=\ln b$, $x=0$ 所围成，其中 $0<a<b$.

（3）A 由 $y=\dfrac{1}{2}x^2$, $x^2+y^2=8$ 所围成（求小的一部分）.

（4）A 由 $\rho=3\cos\theta$ 与 $\rho=1+\cos\theta$ 所围成.

班级____________ 姓名______________ 学号____________

（5）A 由 $(x^2+y^2)^2=a^2(x^2-y^2)$ 所围成.

（6）A 由 $x^{\frac{2}{3}}+y^{\frac{2}{3}}=a^{\frac{2}{3}}\ (a>0)$ 所围成.

3．求 $c(c>0)$ 的值，使曲线 $y=x^2$ 与 $y=cx^3$ 所围成的图形的面积等于 $\dfrac{2}{3}$.

4．求抛物线 $y^2=2px\ (p>0)$ 及其在点 $\left(\dfrac{p}{2},p\right)$ 的法线所围成的图形的面积.

5．求抛物线 $y^2=4ax$ 与过焦点的弦所围成的图形面积的最小值.

6．用定积分证明：半径为 R 的球的体积为 $\dfrac{4\pi R^3}{3}$.

班级____________ 姓名____________ 学号____________

7．计算以半径为 R 的圆为底，以平行于底、长度等于圆直径的线段为顶，高为 h 的正劈锥体体积.

8．求 $y=x^2$ 与 $y^2=x^3$ 所围成的图形绕 x 轴旋转而成的旋转体体积.（用两种方法计算）

9．求由摆线 $x=a(t-\sin t)$，$y=a(1-\cos t)$，$(0\leqslant t\leqslant 2\pi)$ 与 $y=0$ 所围成的图形分别绕 x 轴、y 轴旋转而成的旋转体的体积.

10．求由 $y^2=x^3$，$x=4$ 所围成的图形绕 $x=4$ 旋转而成的旋转体的体积；绕 $y=0$ 旋转而成的旋转体的体积.

班级____________ 姓名____________ 学号____________

第二节　定积分在物理学上的应用

1．一质点沿直线运动，速度每秒减少 2 m，若初速度为 25 m/s，问它能走多远？

2．使某自由长度为 1 m 的弹簧伸长 0.025m 需要力 25N，问把它从 1.1m 拉长到 1.2m 需要做多少功？

3．质量为 M 的冰块沿地面以速度 v_0 匀速推行了 s，冰块的质量每单位时间减少 m，设摩擦系数为 μ，问整个过程中摩擦力所做的功是多少？

4．有一等腰梯形闸门，它的两条边长分别为 10 m 和 6 m，高为 20 m，而较长底边与水面齐，试计算闸门一侧所受的压力 P.

5．一半径为 R 的球形容器，装满了水（顶有一小孔），问将水从小孔中全部吸出需要做多少功？

班级____________ 姓名____________ 学号____________

定积分自测题

1. 计算由下列曲线所围成的平面图形的面积.

（1）$\begin{cases} x = 2t - t^2 \\ y = 2t^2 - t^3 \end{cases}$ $(0 \leqslant t \leqslant 2)$；　　（2）$r = a(1+\cos\varphi)$.

2. 在第一象限内求曲线 $y = -x^2 + 1$ 上一点，使该点处的切线与所给曲线及两坐标轴所围成的图形面积为最小，并求此最小面积.

3. 设 Oxy 平面上有正方形 $D = \{(x,y) \mid 0 \leqslant x \leqslant 1, 0 \leqslant y \leqslant 1\}$ 及直线 $l: x + y = t\,(t \geqslant 0)$. 若 $S(t)$ 表示正方形 D 位于直线 l 左下方部分的面积，试求 $\int_0^x S(t)\mathrm{d}t\,(x \geqslant 0)$.

4. 求下列旋转体的体积.

（1）过点 $P(1,0)$ 作抛物线 $y = \sqrt{x-2}$ 的切线，该切线与抛物线及 x 轴所围成的平面图形绕 x 轴旋转一周；

（2）曲线 $y = 3 - \left|x^2 - 1\right|$ 与 x 轴所围成的封闭图形绕直线 $y = 3$ 旋转一周；

（3）曲线 $y = (x-1)(x-2)$ 和 x 轴围成的图形绕 y 轴旋转一周；

（4）由 $x^2 + y^2 \leqslant 2x$ 与 $y \geqslant x$ 所确定的平面图形绕直线 $x = 2$ 旋转一周.

5. 设抛物线 $y = ax^2 + bx + c$ 过原点，且当 $0 \leqslant x \leqslant 1$ 时 $y \geqslant 0$. 又已知该抛物线与 x 轴及直线 $x = 1$ 所围成图形的面积为 $\dfrac{1}{3}$，试确定 a,b,c 的值，使此图形绕 x 轴旋转一周而成的旋转体的体积 V 最小.

班级__________ 姓名____________ 学号__________

第七章　微分方程

第一节　微分方程的基本概念

1. 验证下列各题中的函数是给出的微分方程的解.

（1） $x^2-xy+y^2=C,\ (x-2y)y'=2x-y$.

（2） $\int_0^y e^{-\frac{t^2}{2}}dt+x=1,\ y''=y(y')^2$.

2．求以给定函数曲线族为积分曲线的微分方程（其中 C,C_1,C_2 均为常数）.

（1） $(x+C)^2+y^2=1$.

（2） $y=C_1\sin 2x+C_2\cos 2x$.

3．写出由下列条件所确定的曲线所满足的微分方程.

（1）曲线在点 (x,y) 处切线的斜率等于该点横坐标的平方.

（2）曲线在点 $P(x,y)$ 处的法线与 x 轴的交点为 Q, PQ 被 y 轴平分.

（3）曲线在点 $P(x,y)$ 处的切线与 y 轴的交点为 Q, PQ 的长度为 2，且曲线过点 $(2,0)$.

班级__________　　姓名__________　　学号__________

第二节　可分离变量的微分方程与齐次方程

1．求下列微分方程的通解.

（1）$\sqrt{1-x^2}\,y'=\sqrt{1-y^2}$.

（2）$\sec^2 x\cdot\tan y\mathrm{d}x+\sec^2 y\cdot\tan x\mathrm{d}y=0$.

（3）$\dfrac{\mathrm{d}y}{\mathrm{d}x}-3xy=xy^2$.

（4）$(2^{x+y}-2^x)\mathrm{d}x+(2^{x+y}+2^y)\mathrm{d}y=0$.

2．求下列微分方程的特解.

（1）$y'=\mathrm{e}^{2x-y}$，$y\big|_{x=0}=0$.

（2）$xy'+y=y^2$，$y\big|_{x=1}=\dfrac{1}{2}$.

3．求下列微分方程的通解.

（1）$xy'=y\left(\ln\dfrac{y}{x}+1\right)$.

（2）$(x^3+y^3)\mathrm{d}x-3xy^2\mathrm{d}y=0$.

4．求下列微分方程的特解.

（1）$\dfrac{\mathrm{d}y}{\mathrm{d}x}=\dfrac{xy}{x^2-y^2}$，$y\big|_{x=0}=1$.

（2）$(y^2-3x^2)\mathrm{d}y+2xy\mathrm{d}x=0,\ y\big|_{x=0}=1$.

班级__________　　姓名__________　　学号__________

5．用适当的变换化简下列方程，并求解方程.

（1） $y'=(x+y)^2$.

（2） $xy'+y=y(\ln x+\ln y)$.

（3） $y'=\dfrac{1}{x-y}+1$.

（4） $y(xy+1)\mathrm{d}x+x(1+xy+x^2y^2)\mathrm{d}y=0$.

6．求一曲线，使其上任意一点的切线与过切点平行于 y 轴的直线和 x 轴所围成的三角形面积等于常数 a^2.

7．现在有一种医疗方法，即把示踪染色注射到胰脏中，以检查其功能. 正常胰脏每分钟吸收 40% 的染色. 现内科医生给某人注射了 0.3g 染色，30 分钟后剩下 0.1g，试求注射染色后 t 分钟正常胰脏中染色量 $P(t)$ 随时间 t 变化的规律，此人胰脏是否正常？

8. 有一容器内盛有 100 L 的盐水，其中含盐 10 kg. 现以每分钟 3 L 的速度注入清水，同时又以每分钟 2 L 的速度将冲淡的盐水排出. 问一小时后，容器内尚有多少盐？

班级__________ 姓名__________ 学号__________

第三节 一阶线性微分方程与贝努利方程

1．求下列微分方程的通解.

（1）$y'-\frac{y}{x}=x^2$.

（2）$(x^2-1)y'+2xy-\cos x=0$.

（3）$y\ln y\mathrm{d}x+(x-\ln y)\mathrm{d}y=0$.

（4）$y'=\frac{y}{2(\ln y-x)}$.

（5）$\frac{\mathrm{d}y}{\mathrm{d}x}=4\mathrm{e}^{-y}\sin x-1$.

2．求下列微分方程的特解.

（1）$y'-y\tan x=\sec x,\ y\big|_{x=0}=0$.

（2）$y'+\frac{y}{x}=\frac{\sin x}{x},\ y\big|_{x=\pi}=1$.

3．一曲线过原点，且曲线上任一点(x,y)处切线的斜率为$2x+y$，试求该曲线的方程.

班级__________ 姓名__________ 学号__________

4．设可导函数 $\varphi(x)$ 满足方程

$$\varphi(x)\cos x+2\int_0^x \varphi(t)\sin t\mathrm{d}t=x+1$$

求 $\varphi(x)$.

5．已知一个由电阻 $R=10\Omega$，电感 $L=2\mathrm{H}$，电流电压 $E=20\sin 5t\mathrm{V}$ 串联组成的电路，求电路中电流 i 和时间 t 之关系.

6．求下列贝努利方程的通解.

（1） $y'+\dfrac{y}{x}=x^2y^6$.

（2） $y'=y^4\cos x+y\tan x$.

（3） $y\dfrac{\mathrm{d}x}{\mathrm{d}y}+x-x^2\ln y=0$.

（4） $y'=\dfrac{xy}{x^2-1}+xy^{\frac{1}{2}}$.

班级____________ 姓名______________ 学号____________

第四节 可降阶的高阶微分方程

1．求下列方程的通解.

（1） $y''=y'+x$.

（2） $y''=\dfrac{2xy'}{x^2+1}$.

（3） $yy''-2(y')^2=0$.

（4） $y^3y''=1$.

2．求下列方程的特解.

（1） $y''=(y')^2,\ y\big|_{x=0}=0,\ y'\big|_{x=0}=-1$.

（2） $y''+2xy'=\mathrm{e}^{-x^2}$，$y\big|_{x=0}=0,\ y'\big|_{x=0}=0$.

3．试求方程 $y''=x$ 的经过点 $(0,1)$ 且在此点与直线 $y=\dfrac{x}{2}+1$ 相切的积分曲线.

4．证明：曲率恒为常数 K 的曲线是圆或直线.

班级____________ 姓名____________ 学号____________

第五节　高阶线性微分方程

1．已知 $y_1(x), y_2(x)$ 是二阶线性微分方程 $y''+p(x)y'+q(x)y=f(x)$ 的解，试证明 $y_1(x)-y_2(x)$ 是 $y''+p(x)y'+q(x)y=0$ 的解.

2．已知二阶线性微分方程

$$y''+p(x)y'+q(x)y=f(x)$$

的三个特解为 $y_1=x,\ y_2=x^2, y_3=\mathrm{e}^{3x}$，试求此方程满足 $y(0)=0, y'(0)=3$ 的特解.

3．验证 $y_1=x+1, y_2=\mathrm{e}^x+1$ 是微分方程 $(x-1)y''-xy'+y=1$ 的解，并求其通解.

4．设 $y_1(x), y_2(x)$ 是方程

$$y''+P(x)y'+Q(x)y=0$$

的两个解，令

$$W(x)=\begin{vmatrix} y_1(x) & y_2(x) \\ y_1'(x) & y_2'(x) \end{vmatrix}=y_1(x)y_2'(x)-y_1'(x)y_2(x)$$

证明：$W(x)$ 是方程 $W'(x)+P(x)W(x)=0$ 的解.

班级____________　　姓名______________　　学号____________

第六节　二阶常系数齐次线性微分方程

1. 求下列微分方程的通解.

（1）$y''+y'-2y=0$.

（2）$y''+6y'+13y=0$.

（3）$y''+4y'+4y=0$.

（4）$y^{(4)}+2y''+y=0$.

2. 求下列微分方程的特解.

（1）$y''-4y'+3y=0,\ y\big|_{x=0}=6,\ y'\big|_{x=0}=10$.

（2）$y''+25y=0,\ y\big|_{x=0}=2,\ y'\big|_{x=0}=5$.

（3）$y''-4y'+13y=0,\ y\big|_{x=0}=2,\ y'\big|_{x=0}=3$.

3. 圆柱形浮筒的直径为 0.5 m，铅垂放在水中，稍向下压后突然放开，浮筒会在水中上下震动，周期为 2 s，求浮筒质量.

4. 长为 6 m 的链条自桌上无摩擦地向下滑动，设运动开始时，链条自桌上垂下部分长为 1 m，问链条全部滑过桌面需多少时间?

班级__________ 姓名__________ 学号__________

第七节　二阶常系数非齐次线性微分方程

1. 求下列微分方程的通解.

（1） $y''+3y'+2y=3x\mathrm{e}^{-x}$.

（2） $y''+5y'+4y=3-2x$.

（3） $y''+4y'=x\cos x$.

（4） $y''-y=\sin^2 x$.

（5） $y'''+y''-2y'=x(\mathrm{e}^x+4)$.

2. 求下列微分方程的特解.

（1） $y''-3y'+2y=5,\ y(0)=6,\ y'(0)=2$.

班级____________ 姓名____________ 学号____________

（2） $y''+y+\sin 2x=0,\ y(\pi)=1,\ y'(\pi)=1$.

3．设连续函数 $f(x)$ 满足

$$f(x)=\mathrm{e}^{x}+\int_{0}^{x}(t-x)f(t)\mathrm{d}t$$

求 $f(x)$.

4．一质量为 m 的质点由静止开始沉入水中，下沉时水的反作用力与速度成正比（比例系数为 k），求此物体之运动规律.

5．一链条悬挂在一钉子上，启动时一端离开钉子 8 m，另一端离开钉子 12 m，若不计摩擦力，求链条全部滑下所需的时间.

6．设大炮以仰角 α、初速 v_0 发射炮弹，若不计空气阻力，求弹道曲线.

7．设有一电阻 R，电感 L，电容 C 和电源 E 串联成闭路，R,L,C 为常数，而且 $E=E_m\sin\omega t$，分别求（1）电容充电时；（2）电容充电后撤去 E 的振荡方程.

班级__________　　姓名__________　　学号__________

第八节　欧拉方程及常系数线性微分方程组

1. 求下列微分方程的通解.

（1）$x^3y'''-x^2y''+2xy'-2y=x^3$.

（2）$y''-\dfrac{y'}{x}+\dfrac{y}{x^2}=\dfrac{2}{x}$.

2. 求下列微分方程组的通解.

（1）$\begin{cases}\dfrac{\mathrm{d}x}{\mathrm{d}t}+\dfrac{\mathrm{d}y}{\mathrm{d}t}=-x+y+3,\\ \dfrac{\mathrm{d}x}{\mathrm{d}t}-\dfrac{\mathrm{d}y}{\mathrm{d}t}=x+y-3.\end{cases}$

（2）$\begin{cases}\dfrac{\mathrm{d}^2x}{\mathrm{d}t^2}-3x-4y=0,\\ \dfrac{\mathrm{d}^2y}{\mathrm{d}t^2}+x+y=0.\end{cases}$

班级____________ 姓名____________ 学号____________

微分方程自测题

1. 求下列微分方程的解.

(1) $y' = \dfrac{y}{x} + \tan\dfrac{y}{x}$；

(2) $y\mathrm{d}x + (2x^2 y - x)\mathrm{d}y = 0$；

(3) $y' = \dfrac{y^2}{y^2 + 2xy - x}$；

(4) $y'' - y' = x\sin^2 x$.

2. 求一连续函数 $\varphi(x)$，使得 $x > 0$ 时有 $\int_0^1 \varphi(xt)\mathrm{d}t = 2\varphi(x)$.

3. 求以 $y = (C_1 + C_2 x + x^2)\mathrm{e}^{-2x}$ 为通解的二阶微分方程.

4. 设三阶常系数微分方程 $y''' + ay'' + by' + cy = 0$ 有两个解 e^x 和 x，求 a,b,c 的值.

5. 设 $y'' + p(x)y' = f(x)$ 有一解 $\dfrac{1}{x}$，而对应的齐次方程有一特解 x^2，试求：

(1) $p(x), f(x)$ 的表达式；

(2) 该微分方程的通解.

6. 已知可导函数 $f(x)$ 满足关系式：$\int_1^x \dfrac{f(t)}{f^2(t)+1}\mathrm{d}t = f(x) - 1$，求 $f(x)$.

7. 已知曲线 $y = y(x)$ 过原点的切线垂直于直线 $x + 2y - 1 = 0$，且曲线 $y(x)$ 满足微分方程 $y'' - 2y' + 5y = \mathrm{e}^x \cos 2x$，求此曲线方程.

班级__________ 姓名__________ 学号__________

第八章 空间解析几何与向量代数

第一节 向量的运算与曲面、空间曲线的方程

1. 已知两点 $M_1(4,\sqrt{2},1)$ 和 $M_2(3,0,2)$，计算向量 $\overrightarrow{M_1M_2}$ 的模、方向余弦和方向角.

2. 设向量 $\boldsymbol{r}$ 的模是 4，它与 u 轴的夹角是 $\dfrac{\pi}{3}$，求 $\boldsymbol{r}$ 在 u 轴上的投影.

3. 设 $\boldsymbol{m}=3\boldsymbol{i}+5\boldsymbol{j}+8\boldsymbol{k}$，$\boldsymbol{n}=2\boldsymbol{i}-4\boldsymbol{j}-7\boldsymbol{k}$，$\boldsymbol{p}=5\boldsymbol{i}+\boldsymbol{j}-4\boldsymbol{k}$，求向量 $\boldsymbol{a}=4\boldsymbol{m}+3\boldsymbol{n}-\boldsymbol{p}$ 在 x 轴上的投影及在 y 轴上的分量.

4. 已知点 $M_1(1,-1,2)$、$M_2(3,3,1)$和 $M_3(3,1,3)$，求与 $\overrightarrow{M_1M_2}$、$\overrightarrow{M_2M_3}$ 同时垂直的单位向量及 $\triangle M_1M_2M_3$ 的面积.

5. 求向量 $\boldsymbol{a}=(4,-3,4)$在 $\boldsymbol{b}=(2,2,1)$上的投影.

6. 设向量 $\boldsymbol{a}=(3,5,-2)$，$\boldsymbol{b}=(2,1,4)$，问 λ 与 μ 有怎样的关系才使$\lambda\boldsymbol{a}+\mu\boldsymbol{b}$ 与 z 轴垂直?

7. 已知向量 $\boldsymbol{a}=2\boldsymbol{i}-3\boldsymbol{j}+\boldsymbol{k}$，$\boldsymbol{b}=\boldsymbol{i}-\boldsymbol{j}+3\boldsymbol{k}$ 和 $\boldsymbol{c}=\boldsymbol{i}-2\boldsymbol{j}$，计算:（1）$(\boldsymbol{a}\cdot\boldsymbol{b})\boldsymbol{c}-(\boldsymbol{a}\cdot\boldsymbol{c})\boldsymbol{b}$；（2）$(\boldsymbol{a}+\boldsymbol{b})\times(\boldsymbol{b}+\boldsymbol{c})$；（3）$(\boldsymbol{a}\times\boldsymbol{b})\cdot\boldsymbol{c}$.

8. 设 $\boldsymbol{a}=(-1,3,2)$，$\boldsymbol{b}=(2,-3,4)$，$\boldsymbol{c}=(3,-3,10)$，试证明 $\boldsymbol{a},\boldsymbol{b},\boldsymbol{c}$ 共面，并用 $\boldsymbol{a}$ 和 $\boldsymbol{b}$ 表示 $\boldsymbol{c}$.

班级＿＿＿＿＿＿　　姓名＿＿＿＿＿＿　　学号＿＿＿＿＿＿

9. 求满足下列条件的轨迹方程，并指出它是什么曲面.

（1）一动点与两定点（1,2,3）和（4,5,6）等距离.

（2）一动点到点 $(1,3,-2)$，的距离为 2.

10. 写出下列曲线绕指定轴旋转一周所生成的旋转曲面的方程，并指出它是什么曲面.

（1）zOx 平面上抛物线 $z^2=5x$ 绕 x 轴及 z 轴旋转一周.

（2）xOy 平面上双曲线 $4x^2-9y^2=36$ 绕 x 轴及 y 轴旋转一周.

（3）yOz 平面上直线 $2y-3z+1=0$ 绕 y 轴及 z 轴旋转一周.

11. 画出下列方程所表示的二次曲面.

（1）$\left(x-\dfrac{a}{2}\right)^2+y^2=\left(\dfrac{a}{2}\right)^2$.

（2）$\dfrac{z}{3}=\dfrac{x^2}{4}+\dfrac{y^2}{9}$.

（3）$z=xy\ (x>0,y>0)$.

班级____________ 姓名____________ 学号____________

（4） $z=\sqrt{x^2+y^2}$.

（5） $z=\frac{1}{2}(x^2+y^2)$.

12. 说明下列旋转曲面是怎样形成的，并画出旋转曲面.

（1） $\frac{x^2}{9}+\frac{y^2}{4}+\frac{z^2}{4}=1$.

（2） $-x^2+\frac{y^2}{4}-z^2=1$.

（3） $z^2-x^2-y^2=1$.

（4） $(x-a)^2=y^2+z^2$.

13. 试分别求母线平行于 x 轴及 y 轴而通过曲线 $\begin{cases}2x^2+y^2+z^2=4\\x^2-y^2+z^2=0\end{cases}$ 的柱面方程.

班级＿＿＿＿＿＿ 姓名＿＿＿＿＿＿ 学号＿＿＿＿＿＿

14. 将下列曲线的一般方程化为参数方程.

（1） $\begin{cases} x^2+y^2+z^2=4, \\ y=x. \end{cases}$

（2） $\begin{cases} x^2+(y-1)^2+(z+1)^2=4, \\ z=0. \end{cases}$

15. 求曲线 $\begin{cases} x^2+y^2+z^2=1 \\ x^2+(y-1)^2+(z-1)^2=1 \end{cases}$ 在 xOy 面及 yOz 面上的投影.

16. 求由下列曲面所围成的立体在三坐标面上的投影.

（1） $z=x^2+y^2$ 与 $z=2-x^2-y^2$.

（2） $z=\sqrt{x^2+y^2}$ ， $x^2+y^2=1$ 与 $z=0$.

班级____________　　姓名______________　　学号____________

第二节　平面、直线及其方程

1. 求过点 $(3,0,-1)$ 且与平面 $3x-7y+5z-12=0$ 平行的平面方程.

2. 试求过 $(1,1,-1)$, $(-2,-2,2)$, $(1,-1,2)$ 三点的平面方程.

3. 求平面 $2x-2y+z+5=0$ 上面积为 6 的三角形区域在三个坐标面的投影区域的面积.

4. 求点 $(1,2,1)$ 到平面 $x+2y+2z-10=0$ 的距离.

5. 分别按下列条件求平面方程：

（1）平行于 xOz 面且经过点 $(2,-5,3)$ ；

（2）通过 z 轴和点 $(-3,1,-2)$ ；

（3）平行于 x 轴且经过点 $(4,0,-2)$ 和点 $(5,1,7)$.

6. 试求过点 $(4,-1,3)$ 且平行于直线 $\dfrac{x-3}{2}=\dfrac{y}{1}=\dfrac{z-1}{5}$ 的直线方程.

7. 用对称式方程及参数方程表示直线：

$$\begin{cases} x-y+z=1 \\ 2x+y+z=4 \end{cases}$$

8. 求过两点 $M_1(3,-2,1)$ 和 $M_2(-1,0,2)$ 的直线方程.

9. 求过点 $(2,0,-3)$ 且与直线

$$\begin{cases} x-2y+4z-7=0 \\ 3x+5y-2z+1=0 \end{cases}$$

垂直的平面方程.

10. 判断两直线

$$\begin{cases} x+2y-z+1=0, \\ x-y+z-1=0, \end{cases} \begin{cases} 2x-y+z=0 \\ x-y+z=0 \end{cases}$$

的位置关系，并求过点 $(1,2,1)$ 且与这两条直线平行的平面方程.

11. 求点 $(-1,2,0)$ 在平面 $x+2y-z+1=0$ 上的投影.

12. 求点 $P(3,-1,2)$ 到直线 $\begin{cases} x+y-z+1=0 \\ 2x-y+z-4=0 \end{cases}$ 的距离.

13. 试求直线 $\begin{cases} 2x-4y+z=0 \\ 3x-y-2z-9=0 \end{cases}$ 在平面 $4x-y+z=1$ 上的投影直线的方程.

班级____________ 姓名____________ 学号____________

空间解析几何与向量代数自测题

1. 设向量 $\boldsymbol{\alpha}=(2,-1,-2)$，$\boldsymbol{\beta}=(1,1,z)$，问 z 为何值时 $(\widehat{\boldsymbol{\alpha},\boldsymbol{\beta}})$ 最小？并求出此最小值.

2. 设向量 $|\boldsymbol{\alpha}|=4,\ |\boldsymbol{\beta}|=3,\ (\widehat{\boldsymbol{\alpha},\boldsymbol{\beta}})=\dfrac{\pi}{6}$，求以 $\boldsymbol{\alpha}+2\boldsymbol{\beta}$ 和 $\boldsymbol{\alpha}-3\boldsymbol{\beta}$ 为边的平行四边形的面积.

3. 证明：空间四边形的相邻各边中点的连线构成平行四边形.

4. 已知点 $O(0,0,0),\ A(1,-1,2),\ B(3,3,1)$ 及 $C(3,1,3)$，求

（1）向量 $\overrightarrow{AB}$ 的方向余弦；

（2）$\triangle ABC$ 的面积；

（3）四面体 $OABC$ 的体积.

5. 求通过点 $A(3,0,0)$ 和 $B(0,0,1)$ 且与 xOy 面成 $\dfrac{\pi}{3}$ 角的平面方程.

6. 设一平面垂直于平面 $z=0$，并通过从点 $(1,-1,1)$ 到直线 $\begin{cases}y-z+1=0\\x=0\end{cases}$ 的垂线，求此平面的方程.

7. 求过点 $(-1,0,4)$，且平行于平面 $3x-4y+z=10$，又与直线 $\dfrac{x+1}{1}=\dfrac{y-3}{1}=\dfrac{z}{2}$ 相交的直线方程.

8. 求直线 $\begin{cases}x+y-z-1=0\\x-y+z+1=0\end{cases}$ 在平面 $x+y+z=0$ 上的投影直线的方程.

9. 证明：直线 $\begin{cases}x+y-z=1\\2x+z=3\end{cases}$ 和直线 $x=y=z-1$ 是异面直线，并求它们的距离.

10. 写出以曲线 $\begin{cases}z=2-x^2-y^2\\z=(x-1)^2-(y-1)^2\end{cases}$ 为准线、母线平行于 z 轴的柱面的方程.

11. 将曲线 $\begin{cases}\dfrac{x^2}{16}+\dfrac{y^2}{4}-\dfrac{z^2}{8}=1\\x-2z=0\end{cases}$ 化为参数方程.

班级__________ 姓名__________ 学号__________

第九章　多元函数微分法及其应用

第一节　多元函数的基本概念

1. 求下列极限.

（1）$\lim\limits_{\substack{x\to 1\\ y\to 0}}\dfrac{\ln(x+\mathrm{e}^y)}{\sqrt{x^2+y^2}}$.

（2）$\lim\limits_{\substack{x\to 0\\ y\to 0}}\dfrac{2-\sqrt{xy+4}}{xy}$.

（3）$\lim\limits_{\substack{x\to 0\\ y\to 0}}\dfrac{xy}{\sqrt{xy+1}-1}$.

（4）$\lim\limits_{\substack{x\to 2\\ y\to 0}}\dfrac{\sin(xy)}{y}$.

（5）$\lim\limits_{\substack{x\to 0\\ y\to 0}}\dfrac{1-\cos(x^2+y^2)}{(x^2+y^2)\mathrm{e}^{x^2y^2}}$.

2. 证明下列极限不存在.

（1）$\lim\limits_{\substack{x\to 0\\ y\to 0}}\dfrac{x+y}{x-y}$.

（2）$\lim\limits_{\substack{x\to 0\\ y\to 0}}\dfrac{x^2y^2}{x^2y^2+(x-y)^2}$.

3. 用定义证明：$\lim\limits_{\substack{x\to 0\\ y\to 0}}\dfrac{xy}{\sqrt{x^2+y^2}}=0$.

班级__________ 姓名____________ 学号__________

第二节 偏导数与全微分

1. 求下列函数的偏导数.

（1） $u=\left(\dfrac{x}{y}\right)^{z}$.

（2） $u=\arctan(x-y)^{z}$.

2. 填空题.

（1）曲线 $\begin{cases} z=\dfrac{x^2+y^2}{4} \\ y=4 \end{cases}$ 在点 $(2,4,5)$ 处的切线与 x 轴正向所成的倾角为________.

（2）设 $f(x,y)=x+(y-1)\arcsin\sqrt{\dfrac{x}{y}}$，则 $f'_x(x,1)$ ＝________________.

（3）若设 $z=\mathrm{e}^{-\left(\frac{1}{x}+\frac{1}{y}\right)}$，则 $x^2\dfrac{\partial z}{\partial x}+y^2\dfrac{\partial z}{\partial y}$ ＝________.

3. 设

$$f(x,y)=\begin{cases} \dfrac{x^2y^2}{(x^2+y^2)^{\frac{3}{2}}}, & (x,y)\neq(0,0) \\ 0, & (x,y)=(0,0) \end{cases}$$

用定义证明：$f(x,y)$ 在点 $(0,0)$ 处连续，且偏导数存在.

4. 试求下列函数的二阶偏导数 $\dfrac{\partial^2 z}{\partial x^2}$，$\dfrac{\partial^2 z}{\partial y^2}$ 和 $\dfrac{\partial^2 z}{\partial x\partial y}$.

（1） $z=\arctan\dfrac{x}{y}$.

（2） $z=y^{\ln x}$.

班级____________　　　　姓名______________　　　　学号____________

5. 设 $z = x\ln(xy)$，求 $\dfrac{\partial^3 z}{\partial x \partial y^2}$.

6. 判断题.（正确填√，错误填×）

（1）若函数 $z = f(x,y)$ 在点 P_0 可微，则函数在点 P_0 的偏导数存在.　（　）

（2）偏导数存在是可微的充分条件.　（　）

（3）可微函数必连续.　（　）

（4）连续函数必可微.　（　）

（5）若函数在一点的偏导数连续，则函数在该点一定可微.　（　）

7. 求下列函数的全微分.

（1）$z = (1+xy)^y$.

（2）$z = \dfrac{2y}{\sqrt{x^2+y^2}}$.

（3）$u = (xy)^z$.

8. 利用微分形式的不变性试求函数 $z = \ln(4+x^2+y^2)$ 的偏导数，并求 $\mathrm{d}z\big|_{\substack{x=1\\y=2}}$ 的值.

9. 讨论函数

$$f(x,y) = \begin{cases} (x^2+y^2)\sin\dfrac{1}{x^2+y^2}, & x^2+y^2 \neq 0 \\ 0, & x^2+y^2 = 0 \end{cases}$$

在点 $(0,0)$ 的可微性.

10. 计算 $\sqrt{(1.02)^3+(1.97)^3}$ 的近似值.

班级____________ 姓名______________ 学号____________

第三节　多元复合函数与隐函数的求导

1. 求解下列各题.

（1） $z=\mathrm{e}^{x-2y}, x=\sin t, y=t^3$，求 $\dfrac{\mathrm{d}z}{\mathrm{d}t}$.

（2） $z=x^{x^y}$，求 $\dfrac{\partial z}{\partial x}, \dfrac{\partial z}{\partial y}$.

（3） $z=f(x^2-y^2,\mathrm{e}^{xy})$，求 $\dfrac{\partial z}{\partial y}$.

（4） $u=f\left(\dfrac{x}{y},\dfrac{y}{z}\right)$，求 $\dfrac{\partial u}{\partial y}$.

（5） $u=f(x,xy,xyz)$，求 $\dfrac{\partial u}{\partial x},\dfrac{\partial u}{\partial z}$.

2. 求下列函数的二阶偏导数.

（1） $z=f(x^2-y^2)$，求 $\dfrac{\partial^2 z}{\partial y^2}$.

（2） $z=f\left(y,\dfrac{x}{y}\right)$，求 $\dfrac{\partial^2 z}{\partial y\partial x}$.

（3） $z=x^3 f\left(xy,\dfrac{y}{x}\right)$，求 $\dfrac{\partial^2 z}{\partial x\partial y}$.

（4） $z=f(u,x,y), u=x\mathrm{e}^y$，求 $\dfrac{\partial^2 z}{\partial x\partial y}$.

班级____________ 姓名____________ 学号____________

3. 已知

$f(x,x^2)=x^4+2x^3+x$， $f_1'(x,x^2)=2x^2-2x+1$

求 $f_2'(x,x^2)$.

4. 设函数 $z=f(x,y)$ 满足方程：$y\dfrac{\partial z}{\partial x}-x\dfrac{\partial z}{\partial y}=0$，

令 $\xi=x,\ \eta=x^2+y^2(y\neq 0)$，求证 $\dfrac{\partial z}{\partial \xi}=0$.

5. 求解下列各题.

（1） $x+2y+z-2\sqrt{xyz}=0$，求 $\dfrac{\partial z}{\partial x},\dfrac{\partial z}{\partial y}$.

（2） $\dfrac{x^2}{a^2}+\dfrac{y^2}{b^2}+\dfrac{z^2}{c^2}=1$，求 $\dfrac{\partial^2 z}{\partial x\partial y}$.

（3） $x^2+y^2+z^2=xf\left(\dfrac{y}{x}\right)$，$f$ 可微，求 $\dfrac{\partial z}{\partial x}$.

6. $x^2+y+z+f(xyz)=F(x^2,y^2+z^2)$，其中 $f(x),F(x,y)$ 可微，求 $\dfrac{\partial z}{\partial x},\dfrac{\partial z}{\partial y}$.

班级____________ 姓名______________ 学号____________

7. 若 $y=y(x),\ z=z(x)$ 由方程组

$$\begin{cases} x+y+z+z^2=0 \\ x+y^2+z+z^3=0 \end{cases}$$

确定，求 $\dfrac{\mathrm{d}y}{\mathrm{d}x},\dfrac{\mathrm{d}z}{\mathrm{d}x}$.

8. 设 $\begin{cases} x=\mathrm{e}^u+u\sin v, \\ y=\mathrm{e}^u-u\cos v, \end{cases}$ 求 $\dfrac{\partial u}{\partial x},\dfrac{\partial v}{\partial y}$.

9. 若设 $y=f(x,t),\ t=t(x,y)$ 满足方程 $F(x,y,t)=0$，f,F 都有一阶连续偏导数. 试证明：$\dfrac{\mathrm{d}y}{\mathrm{d}x}=\dfrac{f_x'F_t'-f_t'F_x'}{F_t'+f_t'F_y'}$.

10. 设 $z=f(u)$，且函数 $u=u(x,y)$ 由方程 $u=\varphi(u)+\int_y^x P(t)\mathrm{d}t$ 确定，若 φ,f 都可微，P 为连续函数，证明：$P(y)\dfrac{\partial z}{\partial x}+P(x)\dfrac{\partial z}{\partial y}=0$.

班级__________　　　　姓名____________　　　　学号__________

第四节　多元函数微分学的几何应用、方向导数与梯度

1. 求下列曲线在指定点处的切线方程和法平面方程.

（1）曲线 $x=\dfrac{t}{1+t},\ y=\dfrac{t}{1-t},\ z=t^2$ 在点 $P\left(\dfrac{2}{3},-2,4\right)$.

（2）曲线 $y=x,\ z=x^2$ 在点 $(1,1,1)$.

（3）曲线 $\begin{cases}x^2+y^2+z^2-3x=0\\2x-3y+5z=4\end{cases}$ 在点 $(1,1,1)$.

2. 求曲线 $x=t,\ y=t^2,\ z=t^3$ 上一点，使该点的切线平行于平面 $x-z=4$.

3. 证明：螺旋线

$$x=a\cos t,\quad y=a\sin t,\quad z=bt$$

上任何点处的切线与 z 轴成定角.

4. 求下列曲面在指定点处的切平面方程和法线方程.

（1） $e^z-z+xy=3$，在点 $(2,1,0)$.

（2） $x^2+2y^2+3z^2=6$，在点 $(1,1,1)$.

班级___________ 姓名_____________ 学号___________

5. 在曲面 $z = xy$ 上求一点，使该点处的法线垂直于平面 $x+3y+z+9=0$.

6. 证明:曲面 $xyz = a^3(a>0)$ 上任一点处切平面与各坐标面所围成的四面体体积为定值.

7. 试证曲面 $\sqrt{x}+\sqrt{y}+\sqrt{z}=\sqrt{a}(a>0)$ 上任何点处的切平面在各坐标轴上的截距之和为 a.

8. 求下列函数在指定点处沿指定方向的方向导数.

（1） 函数 $z = 3x^4 + xy + y^3$ 在点 $(1,2)$ 处沿由点 $(1,2)$ 到点 $(0,3)$ 的方向.

（2） 函数 $u=\sqrt{x^2+y^2+z^2}$ 在点 $(1,0,1)$ 处沿 $l=(1,-1,1)$ 的方向导数 $\frac{\partial u}{\partial l}$.

（3）试求函数 $u = x+y+z$ 在球面 $x^2+y^2+z^2=3$ 上点 $(1,1,1)$ 处沿球面在该点的内法线方向的方向导数.

班级__________ 姓名__________ 学号__________

9. 求函数 $f(x,y)=x^2-xy+y^2$ 在点 $(1,1)$ 处沿方向 $l(l与x轴的夹角为\alpha)$ 的方向导数. 求 α 的值，使函数在该点的方向导数有：(1) 最大值；(2) 最小值；(3) 等于零.

10. 求函数

$$f(x,y,z)=x^2+2y^2+3z^2+xy+3x-2y-6z$$

在点 $P(1,1,1)$ 处的梯度和方向导数的最大值.

11. 求 $u=xy^2z$ 在点 $(1,-1,2)$ 处方向导数的最大值.

12. 已知函数 $z=f(x,y)$ 由方程

$$x^2+y^2+z^2-4z=0$$

所确定，求使 $\text{grad}\, z=\mathbf{0}$ 的点 (x,y).

13. 设二元函数 $u=u(x,y),\ v=v(x,y)$ 都可微，证明：

(1) $\text{grad}(u+v)=\text{grad}(u)+\text{grad}(v)$；

(2) $\text{grad}(u\cdot v)=u\cdot\text{grad}(v)+v\cdot\text{grad}(u)$.

班级____________　　姓名______________　　学号____________

第五节　多元函数的极值及其求法

1. 判断题.（正确填√，错误填×）

（1）梯度的方向是函数值增加最快的方向.　（　）

（2）函数在某一点的方向导数的最大值等于函数在该点处的梯度的模.　（　）

（3）函数在驻点处沿 x 轴正向的方向导数等于零.　（　）

（4）函数在驻点处沿 y 轴负向的方向导数也等于零.　（　）

（5）极值点一定是驻点.　（　）

（6）驻点一定是极值点.　（　）

（7）最大值点一定是极大值点.　（　）

（8）最小值点一定是极小值点.　（　）

2. 求下列函数的极值.

（1）$z = x^3 - y^3 - 3xy$.

（2）$z = xy + \dfrac{50}{x} + \dfrac{20}{y}, (x > 0, y > 0)$.

（3）求由方程 $x^2 + y^2 + z^2 - 2x + 2y - 4z - 10 = 0$ 所确定的函数 $z = f(x, y)$ 的极值.

3. 求下列函数在指定闭区域 D 的最大值与最小值.

（1）$f(x, y) = x^2 + 2xy + 3y^2$，$D$ 是以点 $(-1,1)$，$(2,1)$ 和 $(-1,2)$ 为顶点的三角形闭区域.

（2）$z = x^2 + 4y^2 + 9$ 在区域 $x^2 + y^2 \leqslant 4$.

班级＿＿＿＿＿＿＿　　姓名＿＿＿＿＿＿＿　　学号＿＿＿＿＿＿＿

4. 从斜边为 l 的所有直角三角形中，求有最大周长者.

5. 将周长为 $2p$ 的矩形绕它的一边旋转，问矩形各边为多少时，所得圆柱体的体积最大?

6. 求椭球面 $\frac{x^2}{a^2}+\frac{y^2}{b^2}+\frac{z^2}{c^2}=1$ 在第一卦限上一点，使得此点处的切平面与三坐标面所围成的体积最小.

7. 求内接于半径为 a 的球的具有最大体积的长方体.

8. 在直线 $\begin{cases} y+2=0 \\ x+2z-7=0 \end{cases}$ 上求一点 M_0，使 M_0 到点 $(0,-1,1)$ 的距离最短.

9. 欲建一个无盖的长方体容器，已知底部造价为每平方米 3 元，侧面造价为每平方米 1 元，现用 36 元造一个容积最大的容器，求它的尺寸.

班级____________　　　　　姓名______________　　　　　学号____________

多元函数微分法及其应用自测题

1. 填空题.

（1）函数 $f(x,y)=\begin{cases}\dfrac{2xy}{x^2+y^2}, & x^2+y^2\neq 0\\ 0, & x^2+y^2=0\end{cases}$ 在点 $(0,\ 0)$___________（可多选）

（A）连续　　　　（B）偏导数存在　　　　（C）可微　　　　（D）以上答案都不对

（2）设 $z=x^2y-xy^2$，其中 $x=u\cos v$， $y=u\sin v$，则 $\dfrac{\partial z}{\partial u}=$_______________.

（3）设 $u=f(x+y+z,xyz)$，其中 f 具有二阶连续偏导数，则 $\dfrac{\partial^2 u}{\partial x^2}=$_________________.

（4）函数 $u=x^2+y^2+z^2$ 在曲线 $x=t,\ y=t^2,\ z=t^3$ 的点 $(1,1,1)$ 处，沿曲线在该点切线正方向（对应于 t 增大的方向）的方向导数为_____________.

（5）假设 $F(u,v)$ 具有连续偏导数，曲面 $z=z(x,y)$ 由方程 $F(cx-az,cy-bz)=0$ 所确定，则 $a\dfrac{\partial z}{\partial x}+b\dfrac{\partial z}{\partial y}=$_________.

2. 求曲面 $x^2+y^2+z^2-xy-3=0$ 上同时垂直于平面 $z=0$ 与平面 $x+y+1=0$ 的切平面方程.

3. 证明：曲面 $x^{\frac{2}{3}}+y^{\frac{2}{3}}+z^{\frac{2}{3}}=a^{\frac{2}{3}}$ 上任意点处的切平面在各坐标轴上截距的平方和等于常数 a^2.

4. 在椭球面 $2x^2+2y^2+z^2=1$ 上求一点，使函数 $f(x,y,z)=x^2+y^2+z^2$ 在该点沿 $l=(1,-1,0)$ 方向的方向导数最大.

5. 已知三角形的周长为 $2p$，求出这样的三角形，当绕着自己的一边旋转时，所构成的体积最大?

班级__________ 姓名__________ 学号__________

第十章 重积分

第一节 二重积分的概念、性质与计算

1. 根据重积分的性质，比较

$$\iint\limits_D [\ln(x+y)]^2\mathrm{d}\sigma \text{ 与 } \iint\limits_D \ln(x+y)\mathrm{d}\sigma$$

的大小. 其中积分区域 D 是:

(1) 以 $(1,0)$, $(1,1)$, $(2,0)$ 为顶点的三角形闭区域.

(2) 矩形区域: $3\leqslant x\leqslant 5,\ 0\leqslant y\leqslant 1$.

2. 利用二重积分的性质，估计下列积分的值.

(1) $I=\iint\limits_D xy(x+y)\mathrm{d}\sigma$，其中 D 是矩形闭区域: $0\leqslant x\leqslant 1,\ 0\leqslant y\leqslant 1$.

(2) $I=\iint\limits_D \dfrac{1}{100+\cos^2 x+\cos^2 y}\mathrm{d}\sigma$，其中区域 $D=\{(x,y)\,|\,|x|+|y|\leqslant 10\}$.

3. 设 D 是平面上有界闭区域，$f(x,y)$ 在 D 上连续，证明若 $f(x,y)$ 在 D 上非负，且 $\iint\limits_D f(x,y)\mathrm{d}\sigma=0$，则在 D 上 $f(x,y)\equiv 0$.

班级____________ 姓名______________ 学号____________

4. 画出下列积分区域的草图，并将积分区域 D 分别用不等式表示为 X – 型区域以及 Y – 型区域的形式.

（1） D 由直线: $x+y=1,\ x-y=1,\ x=0$ 所围成.

（2） D 由曲线 $x=y^2,\ x=4-y^2$ 所围成.

（3） D 由曲线 $y=\dfrac{1}{x}$ 及直线 $y=x,\ x=2$ 所围成.

（4） $D: x^2+y^2\leqslant 2,\ y\geqslant x^2$.

5. 计算下列二重积分.

（1） $\iint\limits_D \mathrm{e}^{x+y}\mathrm{d}\sigma$，其中区域 D: $|x|+|y|\leqslant 1$.

（2） $\iint\limits_D (y^2-x)\mathrm{d}\sigma$，其中 D 由曲线 $x=y^2$ 与 $x=3-2y^2$ 所围成.

（3） $\iint\limits_D (x^2-y^2)\mathrm{d}\sigma$，其中区域 $D: 0\leqslant y\leqslant \sin x$, $0\leqslant x\leqslant \pi$.

（4） $\iint\limits_D \sin\dfrac{x}{y}\mathrm{d}\sigma$，其中 D 由直线 $y=x,\ y=2$ 和曲线 $x=y^3$ 所围成.

班级__________　　姓名__________　　学号__________

6. 化二重积分 $\iint\limits_{D} f(x,y)\mathrm{d}\sigma$ 为两种不同积分次序的二次积分，其中积分区域 D 为:

（1）由 $y=x,\ y^2=4x$ 所围成的闭区域.

（2）由 x 轴及上半圆周 $x^2+y^2=r^2(y\geqslant 0)$ 所围成的闭区域.

（3）环形闭区域：$1\leqslant x^2+y^2\leqslant 4$.

7. 计算下列二次积分.

（1）$\int_0^1\mathrm{d}x\int_0^{\sqrt{x}}\mathrm{e}^{-\frac{y^2}{2}}\mathrm{d}y$.

（2）$\int_1^2\mathrm{d}x\int_{\sqrt{x}}^{x}\sin\frac{\pi x}{2y}\mathrm{d}y+\int_2^4\mathrm{d}x\int_{\sqrt{x}}^{2}\sin\frac{\pi x}{2y}\mathrm{d}y$.

8. 改变下列二次积分的积分次序.

（1）$\int_1^2\mathrm{d}x\int_{2-x}^{\sqrt{2x-x^2}}f(x,y)\mathrm{d}y$.

（2）$\int_0^4\mathrm{d}x\int_0^{\frac{x}{2}}f(x,y)\mathrm{d}y+\int_4^6\mathrm{d}x\int_0^{6-x}f(x,y)\mathrm{d}y$.

9. 计算 $I=\int_0^1\frac{x^b-x^a}{\ln x}\mathrm{d}x\ (0<a<b)$.

班级____________ 姓名______________ 学号____________

10. 把二重积分 $\iint\limits_D f(x,y)\mathrm{d}\sigma$ 化为极坐标系下的二次积分，其中积分区域 D 分别为：

（1） $x^2+y^2\leqslant 4x$.

（2） $1\leqslant x^2+y^2\leqslant 4$.

（3） $-1\leqslant x\leqslant 1, x^2\leqslant y\leqslant 1$.

11. 计算下列二重积分.

（1） $\iint\limits_D \mathrm{e}^{-\sqrt{x^2+y^2}}\mathrm{d}x\mathrm{d}y$,其中区域 D 是 $x^2+y^2\leqslant 1$ 在第一象限的部分.

（2） $\iint\limits_D (x+y)\mathrm{d}x\mathrm{d}y$ ，其中 D 是由曲线 $(x-1)^2+(y-1)^2=1$ 所围成的闭区域.

（3） $\iint\limits_D \arctan\dfrac{y}{x}\mathrm{d}x\mathrm{d}y$ ，其中 D 是由圆周 $x^2+y^2=4$, $x^2+y^2=1$ 及直线 $y=0$, $y=x$ 所围成的在第一象限内的闭区域.

12. 选择适当的坐标计算下列各题.

（1） $\iint\limits_D \dfrac{x^2}{y^2}\mathrm{d}\sigma$ ，其中 D 是由直线 $x=2, y=x$ 及曲线 $xy=1$ 所围成的闭区域.

班级__________ 姓名__________ 学号__________

（2）$\iint\limits_D x\mathrm{d}\sigma$，$D$ 由曲线 $x^2+(y-1)^2=1$, $x^2+(y-2)^2=4$ 及直线 $y=2$ 所围成.

（3）$\iint \sqrt{|y-x^2|}\mathrm{d}\sigma$，其中 D 为矩形区域：$-1\leqslant x\leqslant 1,\ 0\leqslant y\leqslant 1$.

（提示：考虑在定义域 D 中添加辅助曲线，去除绝对值号）

13. 设 $f(x)$ 在 $[0,a](a>0)$ 上连续，证明：

$$2\int_0^a f(x)\mathrm{d}x\int_x^a f(y)\mathrm{d}y=\left[\int_0^a f(x)\mathrm{d}x\right]^2$$

（提示：利用积分的性质和题 6 的结论）

14. 若设 $f(x)$ 为 $[a,b]$ 上的连续函数，且 $f(x)>0$，证明：

$$\int_a^b f(x)\mathrm{d}x\int_a^b \frac{\mathrm{d}x}{f(x)}\geqslant (b-a)^2$$

（提示：利用定积分与积分变量的符号无关以及不等式 $\dfrac{f(x)}{f(y)}+\dfrac{f(y)}{f(x)}\geqslant 2$）

班级____________　　　　姓名______________　　　　学号____________

第二节　三重积分的计算

1. 化三重积分 $I=\iiint\limits_{\Omega} f(x,y,z)\mathrm{d}x\mathrm{d}y\mathrm{d}z$ 为三次积分，其中积分区域 Ω 分别是：

(1) 由双曲抛物面 $xy=z$ 及平面 $x+y-1=0$, $z=0$ 所围成的闭区域.

(2) 由曲面 $z=\sqrt{x^2+y^2}$ 及平面 $z=1$ 所围成的闭区域.

(3) 由曲面 $z=x^2+2y^2$ 及 $z=2-x^2$ 所围成的闭区域.

(4) 由曲面 $z=xy$, $\dfrac{x^2}{a^2}+\dfrac{y^2}{b^2}=1$，$z=0$ 所围成的在第一卦限内的闭区域.

2. 计算下列三重积分.

(1) $I=\iiint\limits_{\Omega} xy\mathrm{d}x\mathrm{d}y\mathrm{d}z$，其中 Ω 是以 $(0,0,0)$, $(1,0,0)$, $(0,2,0)$, $(0,0,3)$ 为顶点的四面体；

(2) $I=\iiint\limits_{\Omega} xy^2z^3\mathrm{d}x\mathrm{d}y\mathrm{d}z$，$\Omega$ 是由曲面 $z=xy$ 与平面 $y=x, x=1$ 和 $z=0$ 所围成的闭区域.

(3) $I=\iiint\limits_{\Omega} xyz\mathrm{d}x\mathrm{d}y\mathrm{d}z$，$\Omega$ 为第一卦限内的球面 $x^2+y^2+z^2=1$ 及三个坐标面所围成的闭区域.

（4） $I=\iiint\limits_{\Omega} xz\mathrm{d}x\mathrm{d}y\mathrm{d}z$，其中 Ω 是由平面 $z=0$, $z=y$, $y=1$ 以及抛物柱面 $y=x^2$ 所围成的闭区域.

（提示：此题的积分区域不易画出，可根据给定区域的边界曲面方程，直接确定积分变量的上、下限. 若先对变量 z 积分，与 z 有关的曲面为 $z=0$ 和 $z=y$，故 $0\leqslant z\leqslant y$，其他变量类似.）

（5） $I=\iiint\limits_{\Omega} z\mathrm{d}x\mathrm{d}y\mathrm{d}z$，其中 Ω 是由锥面 $z=\sqrt{x^2+y^2}$ 与平面 $z=1$ 所围成的闭区域.

3. 如果三重积分 $\iiint\limits_{\Omega} f(x,y,z)\mathrm{d}x\mathrm{d}y\mathrm{d}z$ 的被积函数 $f(x,y,z)$ 能分解为 x 的函数、y 的函数及 z 的函数的乘积，即 $f(x,y,z)=f_1(x)\cdot f_2(y)\cdot f_3(z)$，且积分区域 Ω 为长方体：

$$a\leqslant x\leqslant b,\ c\leqslant y\leqslant d,\ l\leqslant z\leqslant m$$

证明三重积分等于三个定积分的乘积，即

$$\iiint\limits_{\Omega} f(x,y,z)\mathrm{d}x\mathrm{d}y\mathrm{d}z=\left[\int_a^b f_1(x)\mathrm{d}x\right]\cdot\left[\int_c^d f_2(y)\mathrm{d}y\right]\cdot\left[\int_l^m f_3(z)\mathrm{d}z\right]$$

4. 利用柱面坐标计算下列三重积分.

（1） $I=\iiint\limits_{\Omega} z\mathrm{d}x\mathrm{d}y\mathrm{d}z$，其中 Ω 是由曲面 $z=\sqrt{4-3(x^2+y^2)}$ 及 $z=x^2+y^2$ 所围成的闭区域.

班级____________　　姓名____________　　学号____________

（2） $I=\iiint\limits_{\Omega}(x^2+y^2)\mathrm{d}x\mathrm{d}y\mathrm{d}z$，其中 Ω 是由曲面 $4z^2=25(x^2+y^2)$ 及平面 $z=5$ 所围成的闭区域.

5. 利用球面坐标计算下列三重积分.

（1） $I=\iiint\limits_{\Omega}\sqrt{x^2+y^2+z^2}\mathrm{d}x\mathrm{d}y\mathrm{d}z$，其中 Ω 是由曲面 $x^2+y^2+z^2=2z$ 所围成的闭区域.

（2） $I=\iiint\limits_{\Omega}z^2\mathrm{d}x\mathrm{d}y\mathrm{d}z$，其中 Ω 是由 $z\leqslant\sqrt{1-x^2-y^2}$ 和 $z\geqslant\sqrt{x^2+y^2}$ 所围成的闭区域.

6. 选用适当的坐标计算下列三重积分.

（1） $I=\iiint\limits_{\Omega}xy\mathrm{d}x\mathrm{d}y\mathrm{d}z$，其中 Ω 为柱面 $x^2+y^2=1$ 及平面 $z=1,\ z=0,\ x=0,\ y=0$ 所围成的在第一卦限内的闭区域.

（2） $I=\iiint\limits_{\Omega}\sin z\mathrm{d}V$，其中 Ω 是由 $z=\sqrt{x^2+y^2}$ 与 $z=\pi$ 所围成的闭区域.

（3） $I=\iiint\limits_{\Omega}\dfrac{z\ln(x^2+y^2+z^2+1)}{x^2+y^2+z^2+1}\mathrm{d}V$，其中区域 $\Omega: x^2+y^2+z^2\leqslant 1$.

班级＿＿＿＿＿＿　　姓名＿＿＿＿＿＿　　学号＿＿＿＿＿＿

第三节　重积分的应用

1. 利用三重积分，计算由下列曲面所围成的立体的体积.

（1） $z=6-x^2-y^2$ 及 $z=\sqrt{x^2+y^2}$.

（2） $x^2+y^2+z^2=2az(a>0)$ 及 $z=\sqrt{x^2+y^2}$.

（3） $z=\sqrt{5-x^2-y^2}$ 及 $x^2+y^2=4z$.

（4） $x^2+y^2=2ax,\ x^2+y^2=az\ (a>0)$ 及 $z=0$.

2. 在半径为 R 的球上打一半径为 r 的圆柱形穿心孔 $(r<R)$，孔中心轴为球直径，求穿孔后球体剩余部分的体积. 设孔壁高为 h，证明此体积仅与 h 的值有关.

3. 求下列曲面的面积.

（1）球面 $x^2+y^2+z^2=a^2$ 含在柱面 $x^2+y^2=ax$ 内部的曲面面积.

班级____________　　　　姓名______________　　　　学号____________

(2) 锥面 $z=\sqrt{x^2+y^2}$ 被柱面 $z^2=2x$ 所割下部分的曲面面积.

(3) 底圆半径相等的两个直交圆柱面 $x^2+y^2=R^2$ 及 $x^2+z^2=R^2$ 所围立体的表面积.

4. 试求平面图形 D 的形心，其中 D：$\frac{x^2}{a^2}+\frac{y^2}{b^2}\leqslant 1, x\geqslant 0, y\geqslant 0$.

5. 设密度为 ρ 的均匀薄片所占区域为 $\frac{x^2}{a^2}+\frac{y^2}{b^2}\leqslant 1$，求转动惯量 I_y.

6. 密度为 ρ 的均匀物体占有的闭区域由曲面 $z=x^2+y^2$ 和平面 $z=0$, $|x|=a$, $|y|=a$ 所围成.

(1) 求物体的体积;

(2) 求物体的重心;

(3) 求物体关于 z 轴的转动惯量.

班级__________ 姓名__________ 学号__________

重积分自测题

1. 设 $D: x^2+y^2 \leqslant ax,\ x^2+y^2 \leqslant ay\ (a>0)$，把 $I=\iint\limits_D f(x,y)\mathrm{d}x\mathrm{d}y$ 化为极坐标形式的二次积分.

2. 交换积分顺序：（1） $\int_0^1 \mathrm{d}x \int_x^{\sqrt{2x-x^2}} f(x,y)\mathrm{d}y$；（2） $\int_{-1}^0 \mathrm{d}x \int_{x+1}^{\sqrt{1+x^2}} f(x,y)\mathrm{d}y$.

3. 证明： $\int_0^a \mathrm{d}y \int_0^y \mathrm{e}^{m(a-x)} f(x)\mathrm{d}x = \int_0^a (a-x)\mathrm{e}^{m(a-x)} f(x)\mathrm{d}x$.

4. 设 $f(x)$ 是 R 上的连续函数，试求 $\lim\limits_{a\to 0}\dfrac{1}{\pi a^2}\iint\limits_D f(x^2+y^2)\mathrm{d}x\mathrm{d}y$ 的极限.

5. Ω 是由 $z=x^2+y^2$ 与 $z=1$ 所围成的闭区域，计算 $\iiint\limits_\Omega (x+y++2z)\mathrm{d}V$.

6. 计算三次积分： $\int_{-R}^R \mathrm{d}x \int_{-\sqrt{R^2-x^2}}^{\sqrt{R^2-x^2}} \mathrm{d}y \int_0^{\sqrt{R^2-x^2-y^2}} (x^2+y^2)\mathrm{d}z$.

7. 求曲面 $\Sigma: z=x^2+y^2+1$ 上点（1, 1, 3）处的切平面与曲面 $z=x^2+y^2$ 所围立体 Ω 的体积.

8. 设 $I_R=\iiint\limits_{\Omega_R}\dfrac{x}{(x^2+y^2+z^2)(1+x^2+y^2+z^2)^p}\mathrm{d}V\ (p\neq 1)$，$\Omega_R$ 是第一卦限中满足 $\dfrac{1}{R^2}\leqslant x^2+y^2+z^2\leqslant R^2$ 的有界闭区域，试讨论 $R\to+\infty$ 时 I_R 的极限，有极限时，求出极限.

9. 设 $f(x)$ 连续， $f(0)=a$，函数 $F(t)=\iiint\limits_\Omega [z+f(x^2+y^2+z^2)]\mathrm{d}V$，其中 $\Omega: 0\leqslant z\leqslant\sqrt{t^2-x^2-y^2}$ 及 $z\geqslant\sqrt{x^2+y^2}$，求 $\lim\limits_{t\to 0}\dfrac{F(t)}{t^3}$.

班级__________　　姓名__________　　学号__________

第十一章　曲线积分与曲面积分

第一节　曲线积分

1. 计算下列对弧长的曲线积分.

(1) $\oint_L (x^2+y^2)^2 \mathrm{d}s$, 其中 L 为圆周 $x^2+y^2=a^2$.

(2) $\oint_L \mathrm{e}^{\sqrt{x^2+y^2}} \mathrm{d}s$, 其中 L 为圆周 $x^2+y^2=a^2$，直线 $y=x$ 及 x 轴在第一象限内所围成的扇形的整个边界.

(3) $\int_L x \mathrm{d}s$, 其中 L 为抛物线 $y=2x^2-1$ 上介于 $x=0$ 与 $x=1$ 之间的一段弧.

(4) $\int_L y^2 \mathrm{d}s$, 其中 L 为摆线的一拱 $x=a(t-\sin t),\ y=a(1-\cos t)(0 \leqslant t \leqslant 2\pi)$.

(5) $\oint_L |xy| \mathrm{d}s$, 其中 L 为圆周 $x^2+y^2=a^2$.

(6) $\int_\Gamma \frac{1}{x^2+y^2+z^2} \mathrm{d}s$, 其中 Γ 为曲线 $x=\mathrm{e}^t\cos t$, $y=\mathrm{e}^t\sin t$, $z=\mathrm{e}^t$ 上相应于 t 从 0 变到 2 的弧段.

(7) $\oint_\Gamma |y| \mathrm{d}s$, 其中 Γ 为空间圆周:

$$\Gamma: \begin{cases} x^2+y^2+z^2=2, \\ y=x. \end{cases}$$

班级__________ 姓名__________ 学号__________

2. 螺旋形弹簧一圈的方程为:

$$\begin{cases} x = a\cos t \\ y = a\sin t \quad (0 \leqslant t \leqslant 2\pi) \\ z = kt \end{cases}$$

设它的线密度为 $\rho(x,y,z) = x^2 + y^2 + z^2$, 求:

(1) 它关于 z 轴的转动惯量 I_z;

(2) 它的重心坐标.

3. 把对坐标的曲线积分 $\int_L P(x,y)\mathrm{d}x + Q(x,y)\mathrm{d}y$ 化为对弧长的曲线积分, 其中:

(1) L 为从点 $(0,0)$ 沿抛物线 $y = x^2$ 到点 $(1,1)$;

(2) L 为从点 $(0,0)$ 沿上半圆周 $x^2 + y^2 = 2x$ $(y \geqslant 0)$ 到点 $(1,1)$.

4. 计算下列对坐标的曲线积分:

(1) $\oint_L xy\mathrm{d}x$, 其中 L 为圆周

$$(x-a)^2 + y^2 = a^2 (a > 0)$$

及 x 轴所围成的在第一象限内的区域的整个边界曲线弧(按逆时针方向).

(2) $\int_L (1+2xy)\mathrm{d}x + x^2\mathrm{d}y$, 其中 L 为从点 $(1,0)$ 到点 $(-1,0)$ 的上半椭圆周 $x^2 + 2y^2 = 1 (y \geqslant 0)$.

(3) $\oint_L \frac{(x+y)\mathrm{d}x - (x-y)\mathrm{d}y}{x^2 + y^2}$, 其中 L 为圆周 $x^2 + y^2 = a^2$ (按逆时针方向).

班级____________ 姓名______________ 学号____________

（4）$\oint_{\Gamma}(z-y)\mathrm{d}x+(x-z)\mathrm{d}y+(x-z)\mathrm{d}z$，其中 Γ 为椭圆：$\begin{cases}x^2+y^2=1,\\ x-y+z=2,\end{cases}$ 且从 z 轴正方向看去，Γ 取顺时针方向.

（5）$\int_{\Gamma}(y^2-z^2)\mathrm{d}x+2yz\mathrm{d}y-x^2\mathrm{d}z$，其中 Γ 是曲线：$\begin{cases}x=t\\ y=t^2\\ z=t^3\end{cases}$ 上 t 由 0 到 2π 的一段弧.

5. 计算 $\int_{L}(x+y)\mathrm{d}x+(y-x)\mathrm{d}y$，其中 L：

（1）抛物线 $y^2=x$ 上从点 $(1,1)$ 到点 $(4,2)$ 的一段弧；

（2）从点 $(1,1)$ 到点 $(4,2)$ 的直线段；

（3）曲线 $x=2t^2+t+1,\ y=t^2+1$ 上从点 $(1,1)$ 到点 $(4,2)$ 的一段弧.

6. 证明：$\left|\int_{L}\sin(x^2+y^2)\mathrm{d}x+\cos(xy)\mathrm{d}y\right|\leqslant\sqrt{2}l$，其中 l 为平面上光滑曲线 L 的长度.

班级＿＿＿＿＿＿　　姓名＿＿＿＿＿＿　　学号＿＿＿＿＿＿

第二节　格林公式及其应用

1. 用曲线积分计算下列曲线所围平面图形的面积.

（1）椭圆：$\dfrac{x^2}{a^2}+\dfrac{y^2}{b^2}=1$.

（2）星形线：$x=a\cos^3 t,\ y=a\sin^3 t,$ $(a>0, 0\leqslant t\leqslant 2\pi)$.

2. 用格林公式计算下列曲线积分.

（1）$\oint_L xy^2\mathrm{d}y-x^2y\mathrm{d}x$，其中 L 为圆周 $x^2+y^2=a^2\ (a>0)$，取逆时针方向.

（2）$\oint_L \mathrm{e}^x[(1-\cos y)\mathrm{d}x-(y-\sin y)\mathrm{d}y]$，其中 L 为闭区域 $D:0\leqslant x\leqslant \pi,\ 0\leqslant y\leqslant \sin x$ 的正向边界.

3. 计算积分 $\oint_L \dfrac{x\mathrm{d}y-y\mathrm{d}x}{4x^2+y^2}$，其中 L 为圆周 $(x-1)^2+y^2=R^2(R\neq 1)$（按逆时针方向）.

4. 证明下列曲线积分在 xOy 面上与路径无关，并计算积分.

（1）$\int_{(1,2)}^{(3,4)}(6xy^2-y^3)\mathrm{d}x+(6x^2y-3xy^2)\mathrm{d}y$.

（2）$\int_{(1,0)}^{(2,1)}(2xy-y^4+3)\mathrm{d}x+(x^2-4xy^3)\mathrm{d}y$.

班级＿＿＿＿＿＿　　姓名＿＿＿＿＿＿　　学号＿＿＿＿＿＿

5. 用适当的方法计算下列曲线积分.

（1）$\int_L (x\sin 2y - y)\mathrm{d}x + (x^2\cos 2y - 1)\mathrm{d}y$，其中 L 为圆周 $x^2+y^2=R^2$ $(R>0)$ 上从点 $(R,0)$ 依逆时针方向到点 $(0,R)$ 的弧段.

（2）$\int_L \frac{y\mathrm{d}x - x\mathrm{d}y}{x^2}$，其中 L 为从点 $(2,1)$ 到点 $(1,2)$ 的直线段.

6. 解下列全微分方程.

（1）$(x^3-3xy^2)\mathrm{d}x+(y^3-3x^2y)\mathrm{d}y=0$.

（2）$\frac{x\mathrm{d}x + y\mathrm{d}y}{\sqrt{1+x^2+y^2}} + x\mathrm{d}y + y\mathrm{d}x = 0$.

7. 计算曲线积分 $\int_L \frac{(x+y)\mathrm{d}x-(x-y)\mathrm{d}y}{x^2+y^2}$,其中 L：

（1）闭区域 $a^2 \leqslant x^2+y^2 \leqslant b^2 (b>a>0)$ 的正向边界；

（2）圆周 $x^2+y^2=a^2$ $(a>0)$ 按逆时针方向；

（3）从点 $A(-\pi,-\pi)$ 沿曲线 $y=\pi\cos x$ 到点 $B(\pi,-\pi)$ 的弧段.

8. 利用曲线积分与路径无关的条件，求待定参数或函数.

（1）确定 a 的值，使曲线积分

$$I=\int_L (x^4+4xy^a)\mathrm{d}x+(6x^{a-1}y^2-5y^4)\mathrm{d}y$$

与路径无关.

（2）求可微函数 $\varphi(y)$ ，$\varphi(1)=\mathrm{e}$ ，使曲线积分

$$I=\int_L y\varphi(y)\mathrm{d}x+\left(\frac{\mathrm{e}^y}{y}-\varphi(y)\right)x\mathrm{d}y$$

在 $y>0$ 的开区域内与积分路径无关.

9. 证明：$\oint_L \frac{\partial v}{\partial x}\mathrm{d}y-\frac{\partial v}{\partial y}\mathrm{d}x=0$ 的充分必要条件为

$$\frac{\partial^2 v}{\partial x^2}+\frac{\partial^2 v}{\partial y^2}=0$$

其中 L 是单连通开域 G 内的一条简单闭曲线，$v(x,y)$ 在 G 内具有连续的二阶偏导数.

班级__________　　姓名____________　　学号__________

第三节　对面积的曲面积分

1. 计算下列曲面积分.

(1) $\iint\limits_{\Sigma} \mathrm{d}S$，其中 Σ 为抛物面 $z=2-(x^2+y^2)$ 在 xOy 面上方的部分.

(2) $\iint\limits_{\Sigma}(x^2+y^2)\mathrm{d}S$，其中 Σ 为锥面 $z=\sqrt{x^2+y^2}$ 及平面 $z=1$ 所围成闭区域的边界曲面.

(3) $\iint\limits_{\Sigma}(xy+yz+zx)\mathrm{d}S$，其中 Σ 为锥面 $z=\sqrt{x^2+y^2}$ 被柱面 $x^2+y^2=2ax(a>0)$ 所截得的部分.

(4) $\iint\limits_{\Sigma}(x^2+y^2)\mathrm{d}S$，其中 Σ 为上半球面 $z=\sqrt{4-x^2-y^2}$.

2. 计算曲面壳：$\Sigma: z=\dfrac{1}{2}(x^2+y^2)\ (0\leqslant z\leqslant 1)$ 的质量，面密度 $\rho=z$.

3. 求密度为常数 ρ 的均匀半球壳：$z=\sqrt{a^2-x^2-y^2}$ 对于 Oz 轴的转动惯量 I_z.

班级__________ 姓名____________ 学号__________

第四节　对坐标的曲面积分与高斯公式

1. 计算下列对坐标的曲面积分:

(1) $\iint\limits_{\Sigma} z\mathrm{d}x\mathrm{d}y + x\mathrm{d}y\mathrm{d}z + y\mathrm{d}z\mathrm{d}x$，其中 Σ 是柱面 $x^2+y^2=1$ 被平面 $z=0$ 及 $z=3$ 所截下的第一卦限内部分的前侧.

(2) $\iint\limits_{\Sigma}(z^2+x)\mathrm{d}y\mathrm{d}z - z\mathrm{d}x\mathrm{d}y$，其中 Σ 是抛物面 $z=\dfrac{1}{2}(x^2+y^2)$ 介于平面 $z=0$ 及 $z=2$ 之间部分的下侧.

2. 把对坐标的曲面积分化为对面积的曲面积分.

(1)
$\iint\limits_{\Sigma} P(x,y,z)\mathrm{d}y\mathrm{d}z + Q(x,y,z)\mathrm{d}z\mathrm{d}x + R(x,y,z)\mathrm{d}x\mathrm{d}y$
其中 Σ :平面 $z+x=1$ 被柱面 $x^2+y^2=1$ 所截部分的下侧.

(2)
$\iint\limits_{\Sigma} P(x,y,z)\mathrm{d}y\mathrm{d}z + Q(x,y,z)\mathrm{d}z\mathrm{d}x + R(x,y,z)\mathrm{d}x\mathrm{d}y$
其中 Σ :抛物面 $y=2x^2+z^2$ 被平面 $y=2$ 所截部分的左侧.

班级____________ 姓名______________ 学号____________

3. 计算曲面积分：

$$\iint_{\Sigma}[f(x,y,z)+x]\mathrm{d}y\mathrm{d}z+[2f(x,y,z)+y]\mathrm{d}z\mathrm{d}x+[f(x,y,z)+z]\mathrm{d}x\mathrm{d}y$$

其中 $f(x,y,z)$ 为连续函数，Σ 是平面 $x-y+z=1$ 在第四卦限内的上侧.

4. 计算 $\iint_{\Sigma}(x^2+y^2)\mathrm{d}z\mathrm{d}x+z\mathrm{d}x\mathrm{d}y$，$\Sigma$ 为锥面 $z=\sqrt{x^2+y^2}$ 上满足 $x\geqslant 0$，$y\geqslant 0$，$z\leqslant 1$ 的那部分曲面的下侧.

5. 利用高斯公式计算下列曲面积分.

（1）$\oiint_{\Sigma} x^3\mathrm{d}y\mathrm{d}z+y^3\mathrm{d}z\mathrm{d}x+z^3\mathrm{d}x\mathrm{d}y$，其中 Σ 是球面 $x^2+y^2+z^2=1$ 的外侧.

（2）$\oiint_{\Sigma} 2xz\mathrm{d}y\mathrm{d}z+yz\mathrm{d}z\mathrm{d}x-z^2\mathrm{d}x\mathrm{d}y$，其中 Σ 为由曲面 $z=\sqrt{x^2+y^2}$ 与曲面 $z=\sqrt{2-x^2-y^2}$ 所围立体的表面的外侧.

班级____________ 姓名______________ 学号____________

6. 计算下列曲面积分.

（1）$\iint\limits_{\Sigma} yz\mathrm{d}z\mathrm{d}x + 2\mathrm{d}x\mathrm{d}y$，其中 Σ 是球面 $x^2+y^2+z^2=4(z\geqslant 0)$ 的上侧.

（2）$\iint\limits_{\Sigma} x^3\mathrm{d}y\mathrm{d}z + 2xz^2\mathrm{d}z\mathrm{d}x + 3y^2\mathrm{d}x\mathrm{d}y$，其中 Σ 为抛物面 $z=4-x^2-y^2$ 被平面 $z=0$ 所截部分的下侧.

7. 计算曲面积分：

$$\oiint\limits_{\Sigma} xz^2\mathrm{d}y\mathrm{d}z + (x^2y - z^3)\mathrm{d}z\mathrm{d}x + (2xy + y^2z)\mathrm{d}x\mathrm{d}y$$

其中 Σ 为 $z=0$ 和 $z=\sqrt{a^2-x^2-y^2}$ 所围曲面的外侧.

8. 设 f 是连续可导函数，计算曲面积分：

$$\oiint\limits_{\Sigma} x^3\mathrm{d}y\mathrm{d}z + \left[\frac{1}{z}f\left(\frac{y}{z}\right) + y^3\right]\mathrm{d}z\mathrm{d}x + \left[\frac{1}{y}f\left(\frac{y}{z}\right) + z^3\right]\mathrm{d}x\mathrm{d}y$$

其中 Σ 为锥面 $x=\sqrt{y^2+z^2}$ 与两球面 $x^2+y^2+z^2=1$ 及 $x^2+y^2+z^2=4$ 所围立体表面的外侧.

班级＿＿＿＿＿＿　　　　姓名＿＿＿＿＿＿＿　　　　学号＿＿＿＿＿＿

曲线积分与曲面积分自测题

1.（1）求 $\int_{\Gamma} z\mathrm{d}s$，其中 Γ 为曲线 $\begin{cases} x = t\cos t \\ y = t\sin t \\ z = t \end{cases}$，$(0 \leqslant t \leqslant t_0)$.

（2）求 $\int_{L} (\mathrm{e}^x \sin y - 2y)\mathrm{d}x + (\mathrm{e}^x \cos y - 2)\mathrm{d}y$，其中 L 为上半圆周 $(x-a)^2 + y^2 = a^2\ (y \geqslant 0)$，沿逆时针方向.

2. 计算下列各题.

（1）$\iint\limits_{\Sigma} \dfrac{\mathrm{d}S}{\sqrt{x^2+y^2+z^2}}$，其中 Σ 为界于 $z=0$ 与 $z=H(H>0)$ 之间的柱面：$x^2+y^2=R^2$.

（2）求 $\iint\limits_{\Sigma} (y^2 - z)\mathrm{d}y\mathrm{d}z + (z^2 - x)\mathrm{d}z\mathrm{d}x + (x^2 - y)\mathrm{d}x\mathrm{d}y$，其中 Σ 为锥面：$z = \sqrt{x^2+y^2}\,(0 \leqslant z \leqslant h)$ 的外侧.

（3）$\iint\limits_{\Sigma} \dfrac{x\mathrm{d}y\mathrm{d}z + y\mathrm{d}z\mathrm{d}x + z\mathrm{d}x\mathrm{d}y}{\sqrt{(x^2+y^2+z^2)^3}}$，其中 Σ 为曲面 $1 - \dfrac{z}{5} = \dfrac{(x-2)^2}{16} + \dfrac{(y-1)^2}{9}\,(z \geqslant 0)$ 的上侧.

3. 求均匀曲面 $z = \sqrt{a^2 - x^2 - y^2}$ 的质心的坐标.

4. 利用斯托克斯公式计算下列曲线积分.

（1）$\oint_{\Gamma} y\mathrm{d}x + z\mathrm{d}y + x\mathrm{d}z$，$\Gamma$ 为圆周：$\begin{cases} x^2+y^2+z^2=a^2, \\ x+y+z=0, \end{cases}$ 从 z 轴正向看去，取逆时针方向.

（2）$\oint_{\Gamma} (y-z)\mathrm{d}x + (z-x)\mathrm{d}y + (x-y)\mathrm{d}z$，$\Gamma$ 为椭圆 $\begin{cases} x^2+y^2=a^2 \\ \dfrac{x}{a}+\dfrac{z}{b}=1 \end{cases}$ $(a,b>0)$，从 z 轴正向看去，取逆时针方向.

班级__________　　　　姓名____________　　　　学号__________

第十二章　无穷级数

第一节　常数项级数

1. 根据定义判断级数的敛散性，若级数收敛，求出级数的和.

（1）$\sum_{n=1}^{\infty}(\sqrt{n+1}-\sqrt{n})$.

（2）$\sum_{n=1}^{\infty}\frac{1}{(2n-1)(2n+1)}$.

（3）$\sum_{n=1}^{\infty}\frac{(-1)^{n-1}}{2^{n-1}}$.

（4）$\sum_{n=1}^{\infty}\frac{1+(-1)^{n-1}}{5^n}$.

2. 判断下列级数的敛散性.

（1）$\sum_{n=1}^{\infty}(-1)^{n-1}\frac{4^n}{5^n}$.

（2）$\sum_{n=1}^{\infty}\left(\frac{5}{2^n}+\frac{1}{3^n}\right)$.

（3）$\sum_{n=1}^{\infty}\frac{1}{\left(1+\frac{1}{n}\right)^n}$.

（4）$\sum_{n=1}^{\infty}\left(\frac{5}{2^n}+\frac{1}{3n}\right)$.

班级____________ 姓名______________ 学号___________

3. 判断下列级数的敛散性.

(1) $\sum_{n=1}^{\infty}\frac{1}{2n-1}$.

(2) $\sum_{n=1}^{\infty}\frac{2+n}{1+n^2}$.

(3) $\sum_{n=1}^{\infty}\left(1-\cos\frac{\pi}{n}\right)$.

(4) $\sum_{n=1}^{\infty}\frac{\sqrt{n+1}-\sqrt{n}}{n}$.

(5) $\sum_{n=1}^{\infty}\frac{1}{\ln(n+1)}$.

(6) $\sum_{n=1}^{\infty}\sin\frac{\pi}{2^n}$.

4. 讨论下列级数的敛散性.

(1) $\sum_{n=1}^{\infty}\frac{1}{n^p}\sin\frac{\pi}{n}$.

(2) $\sum_{n=1}^{\infty}\left(\ln\frac{n+1}{n-1}\right)^p$.

班级____________ 姓名____________ 学号____________

5. 用比值判别法或根值判别法判断下列级数的敛散性.

(1) $\sum_{n=1}^{\infty}\frac{3^n}{n2^n}$.

(2) $\sum_{n=1}^{\infty}\frac{n^2}{3^n}$.

(3) $\sum_{n=1}^{\infty}\frac{2^n n!}{n^n}$.

(4) $\sum_{n=1}^{\infty} n\tan\frac{\pi}{2^{n+1}}$.

6. 判断下列级数的敛散性，如果收敛，判断是绝对收敛还是条件收敛.

(1) $\sum_{n=1}^{\infty}(-1)^{n-1}\frac{1}{2n^2+1}$.

(2) $\sum_{n=1}^{\infty}(-1)^n\frac{\sin\frac{\pi}{2n}}{n}$.

(3) $\sum_{n=1}^{\infty}(-1)^{n-1}\frac{n^3}{2^n}$.

(4) $\sum_{n=1}^{\infty}(-1)^n\frac{1}{\ln n}$.

班级____________　　姓名______________　　学号___________

7. 设 $\sum_{n=1}^{\infty} {a_n}^2$ 与 $\sum_{n=1}^{\infty} {b_n}^2$ 均收敛，证明：

（1） $\sum_{n=1}^{\infty} |a_n b_n|$ 收敛.

（2） $\sum_{n=1}^{\infty} (a_n + b_n)^2$ 收敛.

（3） $\sum_{n=1}^{\infty} \frac{|a_n|}{n}$ 收敛.

8.（1）设正项级数 $\sum_{n=1}^{\infty} a_n$ 收敛，证明 $\sum_{n=1}^{\infty} {a_n}^2$ 也收敛.

（2）设级数 $\sum_{n=1}^{\infty} a_n$ 与 $\sum_{n=1}^{\infty} c_n$ 都收敛，且 $a_n \leqslant b_n \leqslant c_n$，证明级数 $\sum_{n=1}^{\infty} b_n$ 也收敛.

班级____________ 姓名______________ 学号____________

第二节 幂级数

1. 试求下列幂级数的收敛半径与收敛域.

（1） $\sum_{n=0}^{\infty}\frac{2^n}{n^2+1}x^n$.

（2） $\sum_{n=0}^{\infty}(-1)^{n-1}\frac{x^{2n-2}}{(2n-2)!}$.

（3） $\sum_{n=0}^{\infty}\frac{(x-3)^n}{n-3^n}$.

2. 求下列级数的和.

（1） $\sum_{n=1}^{\infty}\frac{1}{n(n+1)}\left(\frac{1}{2}\right)^n$.

（2） $\sum_{n=1}^{\infty}(-1)^n\frac{1}{2n+1}\left(\frac{1}{\sqrt{3}}\right)^{2n+1}$.

班级____________ 姓名______________ 学号____________

3. 将函数$\dfrac{1}{3+2x}$展开成（1）x；（2）$x+3$的幂级数，并求展开式成立的区间.

（1）

（2）

4. 将下列函数展开为x的幂级数.

（1）$\dfrac{2x-3}{(x-1)^2}$.

$\left(提示:\dfrac{1}{(x-1)^2}=-\left(\dfrac{1}{x-1}\right)'\right)$

（2）$\dfrac{3x-5}{x^2-4x+3}$.

（3）$\dfrac{1}{\sqrt{4-x^2}}$.

（4）$\int_0^x \dfrac{\sin t}{t}\mathrm{d}t$.

（5）$\int_0^x \dfrac{\ln(1+t)}{t}\mathrm{d}t$.

班级____________　　姓名______________　　学号____________

第三节　傅里叶级数

1. 将下列周期为 2π 的函数 $f(x)$ 展开成 Fourier 级数.

（1）$f(x)=\begin{cases} ax, & -\pi\leqslant x\leqslant 0, \\ bx, & 0<x<\pi. \end{cases}$

（2）$f(x)=\mathrm{e}^{2x}(-\pi\leqslant x<\pi)$.

2. 将下列函数展开成正弦级数或余弦级数.

（1）$f(x)=2x^2\ (0\leqslant x\leqslant\pi)$，展开成正弦级数.

（2）$f(x)=x^2\ (0\leqslant x\leqslant 2)$，展开成余弦级数.

3. 将 $f(x)=x(\pi-x)\ (0\leqslant x\leqslant\pi)$，

（1）展开成以 2π 为周期的正弦级数.

（2）展开成以 2π 为周期的余弦级数.

班级__________ 姓名__________ 学号__________

无穷级数自测题

1. 判别下列级数的敛散性.

(1) $\sum_{n=1}^{\infty}\frac{(n!)^2}{2n^2}$；　　(2) $\sum_{n=1}^{\infty}\frac{n\cos^2\frac{n\pi}{3}}{2^n}$.

2. 判别 $\sum_{n=1}^{\infty}(-1)^n\ln\frac{n+1}{n}$ 的敛散性.

3. 求下列幂级数的收敛区间.

(1) $\sum_{n=1}^{\infty}\frac{3^n+5^n}{n}x^n$；　　(2) $\sum_{n=1}^{\infty}\frac{n}{2^n}x^{2n}$.

4. 求 $\sum_{n=1}^{\infty}\frac{x^n}{n(n+1)}$ 的和函数.

5. 求数项级数 $\sum_{n=1}^{\infty}\frac{n^2}{n!}$ 的和.

6. 将函数 $\frac{1}{(2-x)^2}$ 展开成 x 的幂级数.

7. 设 $f(x)$ 是周期为 2π 的函数，它在 $[-\pi,\pi]$ 上的表达式为 $f(x)=\begin{cases}0, & x\in[-\pi,0),\\ \mathrm{e}^x, & x\in[0,\pi),\end{cases}$ 将 $f(x)$ 展开成傅立叶级数.

8. 将函数 $f(x)=\begin{cases}1, & 0\leqslant x\leqslant h\\ 0, & h<x\leqslant\pi\end{cases}$ 分别展开成正弦级数和余弦级数.

9. 设 $f(x)=\begin{cases}1, & 0\leqslant x\leqslant\pi,\\ -1, & -\pi\leqslant x\leqslant 0,\end{cases}$ $T=2\pi$，$f(x)$ 的 Fourier 级数为 $s(x)$，求(1) $s(x)$；(2) $s(5\pi)$.

班级＿＿＿＿＿＿　　姓名＿＿＿＿＿＿　　学号＿＿＿＿＿＿

高等数学Ⅰ综合测试题（一）

一、单项选择题.（正确填√，错误填×．每小题 4 分，共 16 分）

1. 设 $f(x)=\cos x\left(x+|\sin x|\right)$，则在 $x=0$ 处有（　　）.

（A）$f'(0)=2$　　（B）$f'(0)=1$　　（C）$f'(0)=0$　　（D）$f(x)$不可导

2. 设 $\alpha(x)=\dfrac{1-x}{1+x}$，$\beta(x)=3-3\sqrt[3]{x}$，则当 $x\to 1$ 时（　　）.

（A）$\alpha(x)$与$\beta(x)$是同阶无穷小，但不是等价无穷小

（B）$\alpha(x)$与$\beta(x)$是等价无穷小

（C）$\alpha(x)$是比$\beta(x)$高阶的无穷小

（D）$\beta(x)$是比$\alpha(x)$高阶的无穷小

3. 若 $F(x)=\int_0^x(2t-x)f(t)\mathrm{d}t$，其中 $f(x)$ 在区间上 $(-1,1)$ 二阶可导且 $f'(x)>0$，则（　　）.

（A）函数 $F(x)$ 必在点 $x=0$ 处取得极大值

（B）函数 $F(x)$ 必在点 $x=0$ 处取得极小值

（C）函数 $F(x)$ 在点 $x=0$ 处没有极值，但点 $(0,F(0))$ 为曲线 $y=F(x)$ 的拐点

（D）函数 $F(x)$ 在点 $x=0$ 处没有极值，点 $(0,F(0))$ 也不是曲线 $y=F(x)$ 的拐点

4. 设 $f(x)$ 是连续函数，且 $f(x)=x+2\int_0^1 f(t)\mathrm{d}t$，则 $f(x)=$（　　）.

（A）$\dfrac{x^2}{2}$　　（B）$\dfrac{x^2}{2}+2$　　（C）$x-1$　　（D）$x+2$

二、填空题.（每小题 4 分，共 16 分）

1. $\lim\limits_{x\to 0}(1+3x)^{\frac{2}{\sin x}}=$ ＿＿＿＿＿＿＿＿＿＿.

2. 已知 $\dfrac{\cos x}{x}$ 是 $f(x)$ 的一个原函数，则 $\int f(x)\cdot\dfrac{\cos x}{x}\mathrm{d}x=$＿＿＿＿＿＿＿＿＿＿.

3. $\lim\limits_{n\to\infty}\dfrac{\pi}{n}\left(\cos^2\dfrac{\pi}{n}+\cos^2\dfrac{2\pi}{n}+\cdots+\cos^2\dfrac{n-1}{n}\pi\right)=$＿＿＿＿＿＿＿＿＿＿.

4. $\int_{-\frac{1}{2}}^{\frac{1}{2}}\dfrac{x^2\arcsin x+1}{\sqrt{1-x^2}}\mathrm{d}x=$＿＿＿＿＿＿＿＿＿＿.

三、解答题.（每小题 8 分，共 40 分）

1. 设函数 $y=y(x)$ 由方程 $\mathrm{e}^{x+y}+\sin(xy)=1$ 确定，求 $y'(x)$ 及 $y'(0)$.

2. 求 $\int\dfrac{1-x^7}{x(1+x^7)}\mathrm{d}x$.

3. 设 $f(x)=\begin{cases}x\mathrm{e}^{-x}, & x\leqslant 0,\\ \sqrt{2x-x^2}, & 0<x\leqslant 1,\end{cases}$ 求 $\int_{-3}^{1}f(x)\mathrm{d}x$.

4. 设函数 $f(x)$ 连续，$g(x)=\int_0^1 f(xt)\mathrm{d}t$，且 $\lim\limits_{x\to 0}\dfrac{f(x)}{x}=A$，$A$ 为常数．求 $g'(x)$，并讨论 $g'(x)$ 在点 $x=0$ 处的连续性.

5. 求微分方程 $xy'+2y=x\ln x$ 满足 $y(1)=-\dfrac{1}{9}$ 的解.

四、（10 分）　已知上半平面内一曲线 $y=y(x)\ (x\geqslant 0)$，过点 $(0,1)$，且曲线上任一点 $M(x_0,y_0)$ 处的切线斜率在数值上等于此曲线与 x 轴、y 轴、直线 $x=x_0$ 所围成面积的 2 倍与该点纵坐标之和，求此曲线方程.

班级____________ 姓名____________ 学号____________

五、(10 分) 过坐标原点作曲线 $y=\ln x$ 的切线，该切线与曲线 $y=\ln x$ 及 x 轴围成平面图形 D，求

(1) D 的面积 A；

(2) D 绕直线 $x=\mathrm{e}$ 旋转一周所得旋转体的体积 V.

六、(4 分) 设函数 $f(x)$ 在区间 $[0,1]$ 上连续且单调递减，证明对任意的 $q\in[0,1]$，

$$\int_0^q f(x)\mathrm{d}x \geqslant q\int_0^1 f(x)\mathrm{d}x$$

七、(4 分) 设函数 $f(x)$ 在区间 $[0,\pi]$ 上连续，且 $\int_0^\pi f(x)\mathrm{d}x=0$，$\int_0^\pi f(x)\cos x\mathrm{d}x=0$. 证明：在 $(0,\pi)$ 内至少存在两个不同的点 ξ_1,ξ_2，使 $f(\xi_1)=f(\xi_2)=0$.（提示：设 $F(x)=\int_0^x f(x)\mathrm{d}x$）

班级____________ 姓名____________ 学号____________

高等数学Ⅰ综合测试题（二）

一、单项选择题.（正确填√，错误填×．每小题 4 分，共 16 分）

1. 函数 $f(x)$ 在区间 (a,b) 内单调有界，若 $f(x)$ 在 (a,b) 内有间断点，则其类型（　　）.

（A）是第二类间断点　　（B）是第一类间断点

（C）是可去间断点　　（D）既可能是第一类间断点也可能是第二类间断点

2. 若 $y=f(x)$ 可导，且 $f'(x)=\sin^2[\sin(x+1)]$，$f(0)=5$，则 $y=f(x)$ 的反函数 $x=f^{-1}(y)$ 在点 $y=5$ 处的导数为（　　）.

（A）$\dfrac{1}{\sin^2(\sin 5)}$　　（B）$\dfrac{1}{\sin^2(\sin 6)}$

（C）0　　（D）$\dfrac{1}{\sin^2(\sin 1)}$

3. 广义积分 $\int_0^{+\infty}\dfrac{\mathrm{d}x}{\mathrm{e}^x+\mathrm{e}^{-x}}$（　　）.

（A）收敛，等于 $\dfrac{\pi}{2}$　　（B）收敛，等于 π

（C）发散　　（D）收敛，等于 $\dfrac{\pi}{4}$

4. 微分方程 $y''+y=\sin x+\mathrm{e}^x$ 的一个特解可设成(a,b,c 是任意常数)（　　）.

（A）$a\sin x+b\cos x+c\mathrm{e}^x$　　（B）$a\sin x+b\cos x+cx\mathrm{e}^x$

（C）$x(a\sin x+b\cos x)+c\mathrm{e}^x$　　（D）$x(a\sin x+b\cos x)+cx\mathrm{e}^x$

二、填空题.（每小题 4 分，共 20 分）

1. $\lim\limits_{x\to 0}\dfrac{\sin x+x^2\sin\dfrac{1}{x}}{(1+\cos x)\ln(1+x)}=$________________.

2. 设 $f(x)=\left(1+\dfrac{1}{x}\right)^x$，则 $f'(1)=$________________.

3. 若 $f'(\mathrm{e}^x)=1+x$，则 $f(x)=$________________.

4. 若 $p>0$，则 $\lim\limits_{n\to\infty}\dfrac{1^p+2^p+\cdots+n^p}{n^{p+1}}=$________________.

5. 已知曲线 $y=x^2$ 与 $y=cx^3\ (c>0)$ 所围图形的面积为 $\dfrac{2}{3}$，则 $c=$________________.

三、解答题.（每小题 8 分，共 48 分）

1. 求由参数方程 $\begin{cases}x=1+\mathrm{e}^{at}\\ y=at+\mathrm{e}^{-at}\end{cases}$ 确定的函数的二阶导数 $\dfrac{\mathrm{d}^2y}{\mathrm{d}x^2}$.

2. 一有盖的圆柱形桶，容积为 V，问半径与高之比为多少时其表面积最小.

3. 求 $\int\dfrac{\arctan\sqrt{x}}{\sqrt{x}(1+x)}\mathrm{d}x$.

4. 计算 $\int_{-1}^{1}x^2\left(\dfrac{\sin x}{1+x^4}+\sqrt{1-x^2}\right)\mathrm{d}x$.

5. 求微分方程 $\dfrac{\mathrm{d}y}{\mathrm{d}x}=\dfrac{1}{x+y}$ 的通解.

6. 求由曲线 $y=x^2$ 以及 $y=\sqrt{x}$ 所围成的区域绕 x 轴旋转而成的旋转体的体积.

班级____________ 姓名____________ 学号____________

四、(6 分) 设函数 $f(x)$ 在区间 $[a,b]$ 上连续，且 $f(x)>0$，令 $F(x)=\int_a^x f(t)\mathrm{d}t+\int_b^x \frac{1}{f(t)}\mathrm{d}t$，证明：

(1) $F'(x)\geqslant 2$；

(2) 方程 $F(x)=0$ 在 (a,b) 内存在唯一的实根.

五、(6 分) 设函数 $f(x)$ 在 $[0,1]$ 上连续，在 $(0,1)$ 内可导，且 $2\int_0^{\frac{1}{2}} xf(x)\mathrm{d}x=f(1)$，证明在 $(0,1)$ 内存在一点 ξ 满足 $f(\xi)+\xi f'(\xi)=0$.

六、(4 分) 设 $f(x)$ 具有二阶连续导数，且 $f'(0)=0$，$\lim\limits_{x\to 0}\frac{f''(x)}{x^2}=1$.

(1) 点 $x=0$ 是否为 $f(x)$ 的极值点？如果是极值点，是极大值点还是极小值点，为什么？

(2) 点 $(0,f(0))$ 是否为曲线 $y=f(x)$ 的拐点，为什么？

班级____________ 姓名______________ 学号____________

高等数学 II 综合测试题（一）

一、单项选择题.（正确填√，错误填×. 每小题 4 分，共 12 分）

1. 函数 $f(x,y)=\begin{cases}\dfrac{\sqrt{|xy|}}{x^2+y^2}, & x^2+y^2\neq 0\\ 0, & x^2+y^2=0\end{cases}$ 在点(0, 0)（　　）.

（A）连续，且偏导函数也存在

（B）不连续，但偏导函数都存在

（C）不连续，且偏导函数也不存在

（D）连续，但偏导函数都不存在

2. 二次积分 $\int_0^1 dx\int_{1-x}^{\sqrt{1+x^2}} f(x,y)dy$ 交换积分次序的结果为（　　）.

（A） $\int_0^1 dy\int_{1-y}^1 f(x,y)dx+\int_1^{\sqrt{2}} dy\int_1^{\sqrt{y^2-1}} f(x,y)dx$

（B） $\int_0^1 dy\int_{1-y}^1 f(x,y)dx+\int_1^2 dy\int_{\sqrt{y^2-1}}^1 f(x,y)dx$

（C） $\int_0^1 dy\int_{1-y}^1 f(x,y)dx+\int_1^{\sqrt{2}} dy\int_{\sqrt{y^2-1}}^1 f(x,y)dx$

（D） $\int_0^{\sqrt{2}} dy\int_{\sqrt{y^2-1}}^1 f(x,y)dx$

3. 曲面积分 $I=\iint\limits_{\Sigma}(x+y+2z)ds$（其中 $\Sigma: z=\sqrt{4-x^2-y^2}$）的值为（　　）.

（A） 4π　　（B） 0　　（C） 16π　　（D） 8π

二、填空题.（每小题 5 分，共 25 分）

1. 函数 $z=z(x,y)$ 由方程 $z=f(z-x,yz)$ 所确定，则 $dz=$________________.

2. 曲面 $2z-e^z+2xy=3$ 在点（1,2,0）处的切平面方程为____________.

3. 已知曲线积分 $I=\oint_L y^3dx+(6x-x^3)dy$，其中 L 为正向圆周：$x^2+y^2=R^2$，问 $R=$___时，I 取最大值.

4. 将函数 $f(x)=4-x\ (0\leqslant x\leqslant\pi)$ 展成以 2π 为周期的正弦级数，设此级数的和函数为 $\varphi(x)$，则 $\varphi(-5\pi)=$_______.

5. 曲线积分 $I=\oint_L\sqrt{x^2+y^2}ds$（其中 L 是圆周：$x^2+y^2=9$）的值为_______.

三、解答下列各题.（每小题 6 分，共 12 分）

1. 设 $z=z(x,y)$ 由方程 $2x^2+2y^2+z^2+5xz-z+1=0$ 确定，求 $\dfrac{\partial^2 z}{\partial x^2}\Big|_{(-1,1,1)}$ 的值.

2. 将函数 $f(x)=x\arctan\dfrac{1+x}{1-x}$ 展开成 x 的幂级数.

四、（8 分）设 $f(x)$ 具有连续的二阶导数，$f(0)=0,\ f'(0)=0$，且微分方程 $y[f(x)+4e^x]dx+f'(x)dy=0$ 为全微分方程，求出 $f(x)$.

五、（8 分）设曲面 $2x^2+3y^2+z^2=6$ 在点 $P(1,-1,1)$ 处指向外侧的法向量为 $\vec{n}$，求函数 $u=\dfrac{\sqrt{x^2+y^2}}{z}$ 在点 P 处沿方向 $\vec{n}$ 的方向导数.

六、（8 分）设函数 f 连续，将积分 $I=\iiint\limits_{\Omega}[z-\frac{1}{2}f(x^2+y^2+z^2)]dv$ 化为柱面坐标系和球面坐标系下的累次积分，其中 Ω 是由曲面 $z=\sqrt{1-x^2-y^2}$ 及曲面 $z=\sqrt{x^2+y^2}$ 所围成的区域.

班级___________ 姓名_____________ 学号___________

七、（9 分）设 Σ 为曲面 $z=x^2+y^2$ 及平面 $z=1$ 所围封闭曲面的内侧，计算积分

$$\mathrm{I}=\oiint_{\Sigma} x^3\mathrm{d}y\mathrm{d}z+y^3\mathrm{d}z\mathrm{d}x+(3z^2-x^2y^2)\mathrm{d}x\mathrm{d}y$$

八、（10 分）求幂级数 $\sum_{n=1}^{\infty}\frac{2}{n}x^n$ 的收敛半径、收敛域及其和函数.

九、（9 分）设一矩形的周长为 a，现让它绕其一边旋转一周得一圆柱体，求所得圆柱体体积的最大值，此时矩形的面积为多少?

班级___________ 姓名_____________ 学号___________

高等数学Ⅱ综合测试题（二）

一、选择题.（正确填√，错误填×．每小题 3 分，共 15 分）

1. 曲面 $z=f(x,y)$ 上对应于点 (x_0,y_0,z_0) 处与 z 轴正向成锐角的法向量 $\vec{n}$ 可取为（　　）.

（A）$(1,f_x'(x_0,y_0),f_y'(x_0,y_0))$　　（B）$(f_x'(x_0,y_0),f_y'(x_0,y_0),1)$

（C）$(f_x'(x_0,y_0),f_y'(x_0,y_0),-1)$　　（D）$(-f_x'(x_0,y_0),-f_y'(x_0,y_0),1)$

2. 设有两空间区域 $\Omega_1:x^2+y^2+z^2\leqslant R^2,z\geqslant 0$；$\Omega_2:x^2+y^2+z^2\leqslant R^2$, $x\geqslant 0,y\geqslant 0,z\geqslant 0$，则以下结论正确的是（　　）.

（A）$\iiint\limits_{\Omega_1} x\mathrm{d}v=4\iiint\limits_{\Omega_2} x\mathrm{d}v$　　（B）$\iiint\limits_{\Omega_1} y\mathrm{d}v=4\iiint\limits_{\Omega_2} y\mathrm{d}v$

（C）$\iiint\limits_{\Omega_1} z\mathrm{d}v=4\iiint\limits_{\Omega_2} z\mathrm{d}v$　　（D）$\iiint\limits_{\Omega_1} xyz\mathrm{d}v=4\iiint\limits_{\Omega_2} xyz\mathrm{d}v$

3. 函数 $f(x,y)=\begin{cases}\dfrac{xy}{x^2+y^2}, & x^2+y^2\neq 0,\\ 0, & x^2+y^2=0,\end{cases}$ 则 $f(x,y)$（　　）.

（A）处处连续　　（B）处处有极限，但不连续

（C）仅在点（0,0）连续　　（D）除点（0,0）外处处连续

4. 设 $f(x)=\begin{cases}x, & 0\leqslant x\leqslant 1\\ 1, & 1\leqslant x\leqslant \pi\end{cases}$ 的正弦级数的展开式为 $\sum\limits_{n=1}^{\infty} b_n\sin nx$，则 $f(x)=\sum\limits_{n=1}^{\infty} b_n\sin nx$ 成立的区间为（　　）.

（A）$[0,\pi]$　　（B）$[0,\pi)$　　（C）$(0,\pi]$　　（D）$(0,\pi)$

5. 二重积分 $\iint\limits_D xy\mathrm{d}x\mathrm{d}y\ (D\colon 0\leqslant y\leqslant x^2,0\leqslant x\leqslant 1)$ 的值为（　　）.

（A）$\dfrac{1}{6}$　　（B）$\dfrac{1}{12}$　　（C）$\dfrac{1}{2}$　　（D）$\dfrac{1}{4}$

二、填空题.（每小题 4 分，共 20 分）

1. 将函数 $\dfrac{1}{2+x}\ (|x|<2)$ 展开成 x 的幂级数，其展开式为__________________.

2. 曲面 $x^2+2y^2+3z^2=12$ 在点 $(1,-2,1)$ 处的切平面方程为___________，法线方程为___________.

3. 积分 $I=\int_0^2\mathrm{d}x\int_x^2 \mathrm{e}^{-y^2}\mathrm{d}y$ 的值为__________.

4. 设 $u=2xy-z^2$，则 u 在点 $(2,-1,1)$ 处的方向导数的最大值为__________.

5. 若幂级数 $\sum\limits_{n=0}^{\infty} a_n x^n$ 在点 $x=-2$ 处条件收敛，则该级数的收敛半径为____________.

三、求解下列各题.（每小题 6 分，共 18 分）

1. 计算二重积分 $\iint\limits_D \sqrt{x^2+y^2}\mathrm{d}x\mathrm{d}y$，$D$ 是 $x^2+y^2\leqslant 2y$ 在第一象限的部分.

2. 求由 $xyz+\sqrt{x^2+y^2+z^2}=\sqrt{2}$ 所确定的隐函数 $z=z(x,y)$ 在点 $(1,0,-1)$ 处的全微分.

3. 已知 $z=f\left(\mathrm{e}^{-xy},\dfrac{x}{y}\right)$，$f$ 是可微函数，求 $\dfrac{\partial z}{\partial x}$ 与 $\dfrac{\partial z}{\partial y}$.

四、（8 分）求抛物线 $y=x^2$ 和直线 $x-y-2=0$ 之间的最短距离.

五、（8 分）设 $I=\iiint\limits_\Omega f(x,y,z)\mathrm{d}v$，$\Omega$ 是由曲面 $z=\sqrt{x^2+y^2}$ 与 $z=\sqrt{2-x^2-y^2}$ 所围成的闭区域，$f(x,y,z)$ 在 Ω 上连续. 试分别将此三重积分 I 表示成直角坐标、柱面坐标和球面坐标下的三次积分.

班级____________　　　　姓名______________　　　　学号____________

六、(8 分) 试计算 $I=\iint\limits_{\Sigma}(-4xz)\mathrm{d}y\mathrm{d}z+8yz\mathrm{d}z\mathrm{d}x+2(1-z^2)\mathrm{d}x\mathrm{d}y$, 其中 Σ 是由曲线 $\begin{cases}z=y\\x=0\end{cases}(0\leqslant y\leqslant 2)$ 绕 z 轴旋转一周而成的下侧曲面.

七、(8 分) 求 $\sum\limits_{n=1}^{\infty}\frac{x^n}{n}$ 的收敛区间与和函数 $s(x)$, 并求 $\sum\limits_{n=1}^{\infty}\frac{1}{n3^n}$.

八、(10 分) 设 $f(x)$ 连续可导, 且 $f(0)=-\frac{1}{2}$, 求 $f(x)$, 使得积分 $\int_A^B(\mathrm{e}^{-x}+f(x))y\mathrm{d}x-f(x)\mathrm{d}y$ 与路径无关, 并求当 $A=(0,0)$, $B=(1,1)$ 时的积分值.

九、(5 分) 证明: $\left|\int_L P(x,y)\mathrm{d}x+Q(x,y)\mathrm{d}y\right|\leqslant sM$, 其中 $M=\max\limits_{(x,y)\in L}\sqrt{P^2+Q^2}$, s 为光滑曲线 L 的长度.

班级____________ 姓名______________ 学号____________

习题提示、参考答案

第一章 极限与连续

第一节

4.（1）0；（2）1；（3）1.

5. 先用单调有界定理证明极限存在，再利用递推式计算极限.（1）$\frac{1+\sqrt{13}}{2}$；（2）1；（3）$\frac{1}{2}$.

第二节

4.（1）2；（2）x；（3）$\frac{1}{2}$；（4）$\frac{2}{\pi}$；（5）e^{-k}；（6）e；（7）$\frac{1}{2}$；（8）不存在.

6.（1）$0\,(n>m)$，$1\,(n=m)$，$\infty\,(n<m)$；（2）$\frac{1}{2}$；（3）$\frac{1}{2}$；（4）1；（5）$\ln a$；（6）$\frac{1}{2}$；（7）e^2；（8）$\sqrt[3]{abc}$；（9）$\cos a$.

7.（1）0；（2）$\frac{m}{n}$；（3）0、1.

第三节

1.（1）$x=1$ 可去间断点（或第一类间断点），$x=2$ 无穷间断点（或第二类间断点）.
（2）$x=\pm 1$ 跳跃间断点（或第一类间断点）.

2. $\alpha>0,\beta=0$ 时连续.　3. 用定义.　4. 用零点存在定理.

5. 介值定理.　6. 有界定理.

极限与连续自测题

一、1. e^6.　2. $\ln 2$.　3. $\frac{3}{2}$.　4. $-\frac{1}{4}$.　5. $\frac{1}{3}$.　6. $\frac{1}{1-2a}$.　7. $e^{-\frac{1}{2}}$.　8. -4.　9. 2.

二、1. $\lim\limits_{n\to\infty}x_n=3$.　2. 1.　3. $\lim\limits_{n\to\infty}x_n=\frac{3}{2}$.　4. (1) 0;　(2) $e^{-\frac{1}{6}}$

第二章 导数与微分

第一节

2. 用定义.　3. 用极限保号性及导数定义.

4.（1）$2f'(x_0)$；（2）$f'(x_0)$；（3）$f'(x_0)$；（4）2.　5. $x=1$.　6. $a=1,b=2$.

7. $\lim\limits_{x\to 1}g(x)$ 存在.　8.（1）连续但不可导；（2）连续且不可导.

第二节

1.（1）$x^2-3^x\ln 3$；（2）$-\frac{1}{x\ln^2 x}$；（3）$\frac{\sin x+\cos x+1}{(1+\cos x)^2}$；

（4）$\frac{x\cos x-\sin x}{x^2}$；（5）$-\frac{2}{x(1+\ln x)^2}$.

2.（1）$8(2x+5)^3$；（2）$-\frac{\sin x}{2+\cos x}$；（3）$\sin x e^{-\cos x}$；

（4）$-\frac{x}{\sqrt{a^2-x^2}}$；（5）$-\frac{2x}{x(1+x^2)^2}\sec^2\frac{1}{1+x^2}$；（6）$\frac{x}{|x|\sqrt{x^2-1}}$；

（7）$\frac{e^{-x}}{\sqrt{1-e^{-2x}}}$；（8）$-\frac{x}{(1-x^2)^{\frac{3}{2}}}$；（9）$\frac{1}{\sqrt{a^2+x^2}}$；

（10）$\sec x$；（11）$\frac{\ln x}{x\sqrt{1+\ln^2 x}}$；（12）$-\frac{1}{x^2+1}$；

班级____________ 姓名______________ 学号____________

（13） $\dfrac{1}{x\ln x\ln(\ln x)}$； （14） $100(x-\sin 2x)^{99}(1-2\cos 2x)+\mathrm{e}^{-x}(1-x)$；

（15） $\dfrac{4x\arctan x^2}{1+x^4}$； （16） $-\dfrac{1}{x^2}\cos\dfrac{1}{x}\mathrm{e}^{\sin\frac{1}{x}}$； （17） $\mathrm{sh}(\mathrm{sh}x)\mathrm{ch}x$.

4.（1） $2xf'(x^2)$；（2） $2xf'(x^2)\cos f(x^2)$.

第三节

1.（1） $\dfrac{-2(1+x^2)}{(x^2-1)^2}$； （2） $-\dfrac{a^2}{(a^2-x^2)^{\frac{3}{2}}}$； （3） $-\dfrac{16x}{(1+4x^2)^2}$；

（4） $\mathrm{e}^{-x}f'(\mathrm{e}^{-x})+\mathrm{e}^{2x}f''(\mathrm{e}^{-x})$； （5） $\dfrac{f''(\ln x)-f'(\ln x)}{x^2}$.

2. $y''=\begin{cases}2, & x>0\\ -2, & x<0\end{cases}$, $x=0$，二阶导数不存在.

3. $P^{(k)}(0)=k!a_k\ (k\leqslant n)$， $P^{(k)}(0)=0\ (k>n)$.

5.（1） $2^{n-1}\sin\left(2x+\dfrac{(n-1)\pi}{2}\right)$； （2） $(-1)^n n!\left(\dfrac{1}{(x-1)^{n+1}}-\dfrac{1}{x^{n+1}}\right)$；

（3） $2^{n-1}x^2\sin\left(2x+\dfrac{\pi}{2}(n-1)\right)+2^{n-1}nx\sin\left(2x+\dfrac{\pi}{2}(n-2)\right)+2^{n-3}n(n-1)\sin\left(2x+\dfrac{\pi}{2}(n-3)\right)$.

6. $(-1)^{n-3}2\mathrm{C}_n^2(n-3)!$.

第四节

（1） $\dfrac{x\sqrt{x+1}}{(x+2)^2}\left(\dfrac{1}{x}+\dfrac{1}{2(x+1)}-\dfrac{2}{x+2}\right)$； （2） $\left(\dfrac{x}{1+x}\right)^x\left(\ln\dfrac{x}{1+x}+\dfrac{1}{1+x}\right)$；

（3） $(1+x^2)^{\sin x}\left(\cos x\ln(1+x^2)+\dfrac{2x\sin x}{(1+x^2)}\right)+(x+\sqrt{1+x^2})^x\left(\ln(x+\sqrt{1+x^2}+\dfrac{x}{\sqrt{1+x^2}}\right)$；

（4） $x^{\mathrm{e}^x}\cdot\mathrm{e}^x\left(\ln x+\dfrac{1}{x}\right)$.

2.（1） $y'=\dfrac{y-\mathrm{e}^{x+y}}{\mathrm{e}^{x+y}-x}$； （2） $y'=\dfrac{1+y^2}{-y^2}$； （3） $y'=\dfrac{x+y}{x-y}$； （4） $\dfrac{y-x^2}{y^2-x}$.

3. -2. 4. $y=-x$. 5. $4x+3y-12a=0$.

7.（1） $\dfrac{(6t+5)(t+1)}{t}$； （2） $\dfrac{2-\mathrm{e}^{at}}{\mathrm{e}^{3at}}$； （3） $\dfrac{1}{f''(t)}$.

8. $144\pi\ (\mathrm{m}^2/\mathrm{s})$. 9. $\dfrac{16}{25}\pi\ (\mathrm{m/min})$.

第五节

1. $\Delta y=0.0401, \mathrm{d}y=0.04$.

2.（1） $2x\sin(2-2x^2)\mathrm{d}x$； （2） $\mathrm{e}^{-x}(3\cos 3x-\sin 3x)\mathrm{d}x$；

（3） $\dfrac{-x}{|x|\sqrt{1-x^2}}\mathrm{d}x$； （4） $\dfrac{2a^3}{x^4-a^4}\mathrm{d}x$.

3.（1） $\sin t+C$； （2） $-\cos x+C$；

（3） $\dfrac{1}{3}\tan 3x+C$； （4） $2\sqrt{x}+C$.

5.（1） 0.01；（2） 7.75.

班级___________　　　　姓名_____________　　　　学号___________

导数与微分自测题

一、1. $e^{2t(1+2t)}$.　2. $x+y=e^{\frac{\pi}{2}}$.　3. -2.　4. $x-y=0$.　5. $\lambda>2$.　6. $y=x-1$.

二、1. A　2. D　3. B　4. C　5. C　6. A　7. C

第三章　微分中值定理与导数的应用

第二节

1.（1）3；（2）2；（3）$\frac{a^2}{b^2}$；（4）$a^a(\ln a-1)$；（5）$\frac{\sqrt{3}}{3}$；（6）$\frac{1}{2}$；（7）$\frac{1}{2}$；（8）e^{-1}；（9）-2；（10）$-\frac{e}{2}$；（11）$e^{-\frac{2}{\pi}}$；（12）$\sqrt{ab}$；（13）$\frac{1}{2}$；

2. $\frac{1}{2}f''(0)$.　　　　4. $a=e^{-\frac{1}{6}}$.

第三节

1. $1-(x-1)+4(x-1)^2+4(x-1)^3+(x-1)^4$.

2.（1）$-\frac{1}{12}$；（2）$\frac{1}{2}$；（3）$\frac{3}{2}$；（4）$-\frac{1}{12}$；（5）$\frac{1}{2}f''(0)$.

第四节

1.（1）$\left(0,\frac{1}{2}\right]\searrow$，$\left[\frac{1}{2},+\infty\right)\nearrow$；（2）$(0,+\infty)\nearrow$.

6.（1）$e^{\frac{1}{e}},\sqrt[3]{3}$；　　（2）极大值 $f(3)=-\frac{9}{2}$，极小值 $f(-3)=\frac{9}{2}$；

（3）极小值 $f(-1)=0$，极大值 $f(1)=1$.

8.（1）最大值 11，最小值－14；（2）最大值 $f(1)=f(0)=1$，最小值 $-f\left(\frac{1}{2}\right)=\frac{1}{4}$.

11. 1:2.

第五节

6.（1）$K=2$；　（2）$K=\frac{\sqrt{2}}{4}$；

7. 1.25；　　　　8. $\left(\frac{\sqrt{2}}{2},-\frac{\ln 2}{2}\right)$，$R=\frac{3\sqrt{3}}{2}$.

微分中值定理与导数的应用自测题

一、1. B　2. B　3. A　4. B　5. C

二、5. $a=2,b=-1$.　　　　6. $a=-1,a=-2$.

7. $k<4$ 时无交点；$k=4$ 时有唯一交点；$k>4$ 时有两个交点.

10. $A=\frac{1}{3},B=-\frac{2}{3},C=\frac{1}{6}$.

第四章　不定积分

第一节

1.（1）$\frac{3}{8}x^{\frac{8}{3}}+C$；　（2）$-\frac{2}{3}x^{-\frac{3}{2}}-e^x+\ln|x|+C$；　（3）$e^x-x+C$；

（4）$\frac{4^x e^x}{2\ln 2+1}+C$；　（5）$\tan x-\sec x+C$；　（6）$\frac{1}{2}\tan x+C$；

班级__________ 姓名__________ 学号__________

（7） $\frac{4}{7}x^{\frac{7}{4}}+4x^{-\frac{1}{4}}+C$； （8） $\frac{4}{7}x^{\frac{7}{4}}+4x^{-\frac{1}{4}}+C$； （9） $\begin{cases}\frac{1}{2}x^2+x+C,\ x\leqslant 1,\\ x^2+\frac{1}{2}+C,\ x>1.\end{cases}$

2. $y=\ln x+1$. 3.（1） 27m；（2） 7.11s.

第二节

1.（1） $\ln\left|x^2-3x+8\right|+C$； （2） $\ln\left|\cos x\right|+C$；

（3） $-\ln\left|1+\cos x\right|+C$； （4） $-\sin\frac{1}{x}+C$；

（5） $2\arctan\sqrt{x}+C$； （6） $\frac{1}{4}\ln(x^4+\sqrt{x^8-4})+C$；

（7） $-\sqrt{1-x^2}+C$； （8） $(\arctan\sqrt{x})^2+C$；

（9） $\mathrm{e}^{\mathrm{e}^x}+C$； （10） $-\frac{1}{2}\ln(1+\mathrm{e}^{-2x})+C$；

（11） $-\frac{1}{97}(x-1)^{-97}-\frac{1}{49}(x-1)^{-98}-\frac{1}{99}(x-1)^{-99}+C$；

（12） $\frac{1}{2}\left(\ln\left|\frac{x}{a}+\frac{\sqrt{a^2-x^2}}{a}\right|+\arcsin\frac{x}{a}\right)+C$； （13） $\frac{x}{2}\sqrt{a^2-x^2}+\frac{a^2}{2}\arcsin\frac{x}{a}+C$；

（14） $-\arcsin\frac{1}{x}+\frac{\sqrt{x^2-1}}{x}+C$； （15） $\frac{1}{3}x^3-\frac{1}{3}(x^2-1)^{\frac{3}{2}}+C$.

第三节

1.（1） $\frac{1}{4}\sin 2x-\frac{x}{2}\cos 2x+C$； （2） $-\mathrm{e}^{-x}(x^2+2x+2)+C$；

（3） $x\mathrm{ch}x-\mathrm{sh}x+C$； （4） $\frac{x^3}{3}\arctan x+\frac{1}{6}\left[\ln(1+x^2)-x^2\right]+C$；

（5） $\frac{x^3+1}{3}\ln(1+x)-\frac{x^3}{9}+\frac{x^2}{6}-\frac{x}{3}+C$； （6） $(x+1)\arctan\sqrt{x}-\sqrt{x}+C$；

（7） $\frac{1}{2}\left(x^2-\frac{1}{2}\right)\arcsin x+\frac{x}{4}\sqrt{1-x^2}+C$； （8） $\frac{x}{2}(\sin\ln x-\cos\ln x)+C$；

（9） $\ln\left|\tan\frac{x}{2}\right|-\cos x\cdot\ln\tan x+C$； （10） $2\mathrm{e}^{\sqrt{x}}(\sqrt{x}-1)+C$；

（11） $\frac{1}{2}(x^2-1)\ln\left|\frac{1+x}{1-x}\right|+x+C$； （12） $x\ln(x+\sqrt{x^2+1})-\sqrt{x^2+1}+C$；

（13） $\frac{x}{2}\sqrt{x^2+1}-\frac{1}{2}\ln(x+\sqrt{x^2+1})+C$； （14） $x(\arcsin x)^2+2\sqrt{1-x^2}\arcsin x-2x+C$；

（15） $-\frac{x}{2}\csc^2 x-\frac{1}{2}\cot x+C$； （16） $\frac{x}{2}\sqrt{x^2-a^2}-\frac{a^2}{2}\ln\left|x+\sqrt{x^2-a^2}\right|+C$；

（17） $\frac{x-2}{x+2}\mathrm{e}^x+C$； （18） $x\tan\frac{x}{2}+2\ln\left|\cos\frac{x}{2}\right|+C$；

（19） $\frac{1}{4}(\arcsin x)^2+\frac{1}{2}x\sqrt{1-x^2}\arcsin x-\frac{1}{4}x^2+C$；

（20） $\mathrm{e}^{\sin x}(x-\sec x)+C$； （21） $\frac{x}{4}\sin 2x+\frac{x^2}{4}-\frac{1}{8}\cos 2x+C$；

2. $\cos x-\frac{2\sin x}{x}+C$； 3. $x\ln x+C$.

班级____________ 姓名______________ 学号____________

第四节

(1) $\ln\left|\dfrac{x}{x-1}\right|-\dfrac{1}{x-1}+C$； (2) $-\ln|1-x|-\dfrac{1}{2}x^2-x+C$；

(3) $\ln|1+x|-\dfrac{1}{2}\ln|x^2-x+1|+\sqrt{3}\arctan\dfrac{2x-1}{\sqrt{3}}+C$；

(4) $\dfrac{4}{\sqrt{3}}\arctan\dfrac{2x+1}{\sqrt{3}}+\dfrac{x+1}{x^2+x+1}+C$； (5) $-\dfrac{1}{196}(x^2-1)^{-98}-\dfrac{1}{198}(x^2-1)^{-99}+C$；

(6) $-\dfrac{1}{6(6+x^6)}+\dfrac{1}{2(6+x^6)^2}+C$； (7) $\dfrac{1}{12}\ln\left|\dfrac{x^6-1}{x^6+1}\right|+C$；

(8) $\dfrac{1}{20}\ln\left|\dfrac{x^{10}-2}{x^{10}}\right|+C$； (9) $\dfrac{1}{2}\arctan x^2-\dfrac{1}{4}\ln(1+x^4)+C$.

2.（1） $\dfrac{2}{\sqrt{3}}\arctan\dfrac{2\tan\dfrac{x}{2}+1}{\sqrt{3}}+C$； (2) $\dfrac{1}{2}\ln\left|\tan\dfrac{x}{2}\right|+\tan\dfrac{x}{2}+\dfrac{1}{4}\tan^2\dfrac{x}{2}+C$；

(3) $\dfrac{1}{2}\ln(\tan^2 x+2)+C$.

3.（1） $-2\sqrt{1+\dfrac{1}{x}}-\ln\left|\dfrac{1+\sqrt{1+x}}{1-\sqrt{1+x}}\right|+C$； (2) $-\dfrac{3}{2}\sqrt[3]{\dfrac{x+1}{x-1}}+C$；

(3) $\ln\left|x+1+\sqrt{x^2+2x+2}\right|-\dfrac{\sqrt{x^2+2x+2}-1}{x+1}+C$；(4) $2\sqrt{x}-4\sqrt[4]{x}+4\ln(1+\sqrt[4]{x})+C$；

(5) $\dfrac{4}{3}\arctan\sqrt{\dfrac{x+1}{5x-1}}+C$； (6) $\dfrac{xe^x}{1+e^x}-\ln(1+e^x)+C$.

不定积分自测题

1. $2x\sqrt{e^x-1}-4\sqrt{e^x-1}+4\arctan\sqrt{e^x-1}+C$.
2. $-\dfrac{\arctan x}{x}-\dfrac{1}{2}\arctan^2 x+\ln|x|-\dfrac{1}{2}\ln(1+x^2)+C$.
3. $-\cot x\ln\sin x-\cot x-x+C$.
4. $\dfrac{1}{2}\ln(x^2-6x+13)+4\arctan\dfrac{x-3}{2}+C$.
5. $-xe^{-x}-e^{-x}+C$.
6. $-\dfrac{1}{2}e^{-2x}\arctan e^x-\dfrac{1}{2}e^{-x}-\dfrac{1}{2}\arctan e^x+C$.
7. $-2\sqrt{1-x}\arcsin\sqrt{x}+2\sqrt{x}+C$.
8. $-e^{-x}\arcsin e^x-\dfrac{1}{2}\ln\dfrac{1+\sqrt{1-e^{2x}}}{1-\sqrt{1-e^{2x}}}+C$.

第五章 定积分

第一节

1.（1） 3；（2） 0； 5. 0. 7.（1） $\int_0^1\sqrt{1+x}\,dx$；（2） $\int_0^1\ln x\,dx$；（3） $\int_0^1 x^p\,dx$.

第二节

1.（1） xe^{-x^2}；（2） $2x\sqrt{1+x^4}$；（3） $-\dfrac{e^{2x}}{x}$.

2.（1） 1；（2） 0；（3） $af(a)$. 4. $f(x)=x^2-\dfrac{4}{3}x+\dfrac{2}{3}$.

5.（1） 1；（2） 1；（3） $\sqrt{2}$；（4） $4\sqrt{2}$；（5） $\dfrac{1}{12}$；（6） $\dfrac{1}{6}$. 6. $\dfrac{8}{3}$.

7. $\Phi(x)=\begin{cases}\dfrac{1}{3}x^3, & x\in[0,1],\\ \dfrac{1}{2}x^2-\dfrac{1}{6}, & x\in[1,2].\end{cases}$　　8. $\Phi(x)=\begin{cases}0, & x<0,\\ \dfrac{1}{2}(1-\cos x), & x\in[0,\pi],\\ 1, & x>0.\end{cases}$

第三节

1.（1）$4-2\ln 3$；（2）$\dfrac{4}{5}\ln 2+\dfrac{1}{5}\ln 7$；（3）$2-\dfrac{\pi}{2}$；

（4）$1-\dfrac{\pi}{4}$；（5）$\dfrac{\sqrt{2}}{2}a^2-\dfrac{a^2}{2}\ln(1+\sqrt{2})$；（6）$\sqrt{3}-\dfrac{\pi}{3}$；

（7）$\dfrac{\pi}{9}$；（8）$\dfrac{1}{\sqrt{1+a^2}}\arctan\dfrac{1}{\sqrt{1+a^2}}$.

3. $2\sin 2x-\sin x$.　　4. $\varphi'(x)=\dfrac{-\int_0^x f(t)\mathrm{d}t+xf(x)}{x^2}$.

5.（1）$\left(\dfrac{1}{4}-\dfrac{1}{3\sqrt{3}}\right)\pi+\dfrac{1}{2}\ln\dfrac{3}{2}$；（2）$\dfrac{\pi^2}{6}-\dfrac{\pi}{4}$；（3）$6-2\mathrm{e}$. 6. $\dfrac{1}{6}(\mathrm{e}-2)$.

7.（1）$\dfrac{35}{128}\pi$；（2）$\dfrac{8}{35}$；（3）$\dfrac{5}{16}\pi$；（4）$\dfrac{3}{16}\pi$；

（5）$\dfrac{2n}{2n+1}\dfrac{2n-2}{2n-1}\cdots\cdots\dfrac{2}{3}\cdot 1$；（6）$\dfrac{\pi a^4}{16}$.

9.（1）$\dfrac{2}{1+n^2}[1+(-1)^{n+1}\mathrm{e}^{-\pi}]$；（2）$\dfrac{2\left[(-1)^n-1\right]}{n^2}(n\neq 0)$；

（3）$0\ (n=2k+1),\left(\dfrac{n-1}{n}\dfrac{n-3}{n-2}\cdots\cdots\dfrac{1}{2}-\dfrac{n+1}{n+2}\dfrac{n-1}{n}\cdots\cdots\dfrac{1}{2}\right)\dfrac{\pi}{2}(n=2k)$；（4）$\dfrac{\pi}{8}$.

第四节

1.（1）$\dfrac{1}{3}$；（2）$\dfrac{1}{a}$；（3）$\dfrac{1}{2}$；（4）π；（5）$\ln\dfrac{1+\sqrt{a^2+1}}{a}$；（6）$\dfrac{\pi}{2}$；（7）$\pi$；（8）$(-1)^n n!$.

定积分自测题

一、1. B　2. D　3. C　4. A　5. B　6. A　7. D　8. B

二、1. $\varphi'(x)=\begin{cases}-\dfrac{1}{x^2}\int_0^x f(u)\mathrm{d}u+\dfrac{1}{x}f(x), & x\neq 0,\\ \dfrac{A}{2}, & x=0,\end{cases}$　$\varphi'(x)$ 在点 $x=0$ 处连续.

3. $\sin^2 x$.　　5. 1.　　6. 切线 $y=x$，极限为 2.

7. $\dfrac{2\sqrt{2}}{\pi}$.　　8. $F(x)=\begin{cases}\dfrac{1}{2}x^3-x-\dfrac{1}{2}, & -1\leqslant x<0,\\ \ln\dfrac{\mathrm{e}^x}{1+\mathrm{e}^x}-\dfrac{x}{1+\mathrm{e}^x}+\ln 2-\dfrac{1}{2}, & 0\leqslant x\leqslant 1.\end{cases}$

9. $-\dfrac{\mathrm{e}}{4t^2(1+2\ln t)^2}$.　　10. 20.　　11. $\dfrac{\pi}{4}$.　　12. 2.

第六章　定积分的应用

第一节

1.（1）$2\sqrt{3}-\dfrac{4}{3}$；　　（2）$\dfrac{y}{2p}\sqrt{p^2+y^2}+\dfrac{p}{2}\ln\dfrac{y+\sqrt{p^2+y^2}}{p}$；

(3) $6a$； (4) $\dfrac{\sqrt{1+a^2}}{a}(\mathrm{e}^{2a\pi}-1)$.

2.(1) $(\mathrm{e}+1)\ln(\mathrm{e}+1)-\mathrm{e}$；(2) $2\pi+\dfrac{4}{3}$，$6\pi-\dfrac{4}{3}$；(3) $b-a$；(4) $\dfrac{5}{4}\pi$；(5) a^2；(6) $\dfrac{3}{8}\pi a^2$.

3. $\dfrac{1}{2}$. 4. $\dfrac{16}{3}p^2$. 5. $\dfrac{8}{3}a^2$. 7. $\dfrac{\pi R^2 h}{2}$.

8. $\dfrac{\pi}{20}$. 9. $5\pi^2 a^3, 6\pi^3 a^3$. 10. $\dfrac{2048}{35}\pi$, 64π.

第二节

1.156.25m. 2.15(N·m). 3. $\mu gs\left(M-\dfrac{ms}{2v_0}\right)$.

4. $p=14\ 373(\text{kN})$. 5. $\dfrac{4}{3}\pi R^4\rho$.

定积分的应用自测题

1.(1) $\dfrac{8}{15}$.(2) $\dfrac{3}{2}\pi a^2$. 2. $\left(\dfrac{1}{\sqrt{3}},\dfrac{2}{3}\right),\dfrac{2}{9}(2\sqrt{3}-3)$.

3. $$\int_0^x S(t)\mathrm{d}t=\begin{cases}\dfrac{1}{6}x^3, & 0\leqslant x\leqslant 1,\\ -\dfrac{1}{6}x^3+x^2-x+\dfrac{1}{3}, & 1<x\leqslant 2,\\ x-1, & x>2.\end{cases}$$

4.(1) $\dfrac{\pi}{6}$；(2) $\dfrac{448\pi}{15}$；(3) $\dfrac{\pi}{2}$；(4) $\dfrac{\pi^2}{2}-\dfrac{2\pi}{3}$.

5. $a=-\dfrac{5}{4},b=\dfrac{3}{2},c=0$.

第七章 微分方程

第一节

2.(1) $y^2(y')^2+y^2=1$； (2) $y''+4y=0$.

3.(1) $y'=x^2$； (2) $yy'+2x=0$； (3) $x^2(1+y'^2)=4,\ y\big|_{x=2}=0$.

第二节

1.(1) $\arcsin y=\arcsin x+C$，$y=\pm 1$； (2) $\tan x\cdot\tan y=C$；

(3) $\ln\left|\dfrac{y}{y+3}\right|=\dfrac{3}{2}x^2+C$，$y=0,y=-3$； (4) $(2^x+1)(2^y-1)=C$.

2.(1) $\mathrm{e}^y=\dfrac{1}{2}(\mathrm{e}^{2x}+1)$； (2) $x=\dfrac{1}{y}-1$.

3.(1) $\ln\dfrac{y}{x}=Cx$； (2) $x^3-2y^3=Cx$.

4.(1) $\dfrac{x^2}{2y^2}+\ln|y|=0$； (2) $y^3=y^2-x^2$.

5.(1) $y=-x+\tan(x+C)$； (2) $y=\dfrac{1}{x}\mathrm{e}^{Cx}$；

(3) $(x-y)^2=-2x+C$； (4) $2x^2y^2\ln|y|-2xy-1=Cx^2y^2$.

6. $y(C\pm x)=2a^2$. 7. $P(t)=C\mathrm{e}^{-0.4t}$, $P(t)=0.3\mathrm{e}^{-0.4t}$, $P(30)=0.3\mathrm{e}^{-12}$,不正常.

班级__________ 姓名__________ 学号__________

8. $P'(t)=-\dfrac{2P(t)}{100+t}$， $P(60)\approx 3.9\text{kg}$.

第三节

1.（1） $y=x\left(\dfrac{1}{2}x^2+C\right)$；（2） $y=\dfrac{\sin x+C}{x^2-1}$；（3） $2x\ln y=\ln^2 y+C$；

（4） $x=\ln y-\dfrac{1}{2}+\dfrac{C}{y^2}$.（5）提示：原方程可变为：$\dfrac{\mathrm{d}e^y}{\mathrm{d}x}+e^y=4\sin x$，$e^y=Ce^{-x}+2(\sin x-\cos x)$.

2.（1） $y=x\sec x$；（2） $y=\dfrac{\pi-1-\cos x}{x}$.

3. $y=2(e^x-x-1)$.　4. $\varphi(x)=\sin x+\cos x$.　5. $i=\dfrac{5}{13}(e^{-5t}+5\sin t-\cos t)$.

6.（1） $y^{-5}=Cx^5+\dfrac{5}{2}x^3$；（2） $y^{-3}=-3\sin x\cos^2 x+C\cos^3 x$；

（3） $\dfrac{1}{x}=(\ln y-1+Cy)$；（4） $y^{\frac{1}{2}}=\dfrac{1}{3}(x^2-1)+C(x^2-1)^{\frac{1}{4}}$.

第四节

1.（1） $y=C_1e^x-\dfrac{1}{2}x^2-x+C_2$；（2） $y=C_1\left(\dfrac{1}{3}x^3+x\right)+C_2$；

（3） $y=\dfrac{1}{C_1x+C_2}, y=0$；（4） $C_1y^2=1+(C_1x+C_2)^2$.

2.（1） $y=-\ln(x+1)$；（2） $y=\dfrac{1}{2}(1-e^{-x^2})$.　3. $y=\dfrac{1}{6}x^3+\dfrac{1}{2}x+1$.

第五节

2. $y=C_1(x^2-x)+C_2(e^{3x}-x)+x$，特解： $y=3x-2x^2$.　3. $y=C_1x+C_2e^x+1$.

第六节

1.（1） $y=C_1e^{-2x}+C_2e^x$；（2） $y=e^{-3x}(C_1\cos 2x+C_2\sin 2x)$；

（3） $y=e^{-2x}(C_1+C_2x)$；（4） $y=\cos x(C_1+C_2x)+\sin x(C_3+C_4x)$.

2.（1） $y=4e^x+2e^{3x}$；（2） $y=2\cos 5x+\sin 5x$；（3） $y=e^{2x}\left(2\cos 3x-\dfrac{1}{3}\sin 3x\right)$.

3. $m=195\text{kg}$.　4. $t_0=\sqrt{\dfrac{6}{g}}\ln(6+\sqrt{35})$.

第七节

1.（1） $y=C_1e^{-x}+C_2e^{-2x}+\left(\dfrac{3}{2}x^2-3x\right)e^{-x}$；（2） $y=C_1e^{-x}+C_2e^{-4x}+\dfrac{11}{8}-\dfrac{1}{2}x$；

（3） $y=C_1\cos 2x+C_2\sin 2x+\dfrac{1}{3}x\cos x+\dfrac{2}{9}\sin x$；（4） $y=C_1e^x+C_2e^{-x}-\dfrac{1}{2}+\dfrac{1}{10}\cos 2x$；

（5） $y=C_1+C_2e^x+C_3e^{-2x}+\left(\dfrac{1}{6}x^2-\dfrac{4}{9}x\right)e^x-x^2-x$.

2.（1） $y=-5e^x+\dfrac{7}{2}e^{2x}+\dfrac{5}{2}$；（2） $y=-\cos x-\dfrac{1}{3}\sin x+\dfrac{1}{3}\sin 2x$.

3. $f(x)=\dfrac{1}{2}(\cos x+\sin x+e^x)$.　4. $x=\dfrac{mg}{k}t-\dfrac{m^2g}{k^2}\left(1-e^{-\frac{k}{m}t}\right)$.

5. $x(t)=10-\mathrm{e}^{-\sqrt{\frac{g}{10}}x}-\mathrm{e}^{\sqrt{\frac{g}{10}}x}$，$t=\sqrt{\dfrac{10}{g}}\ln(5+2\sqrt{6})$． 6. $\begin{cases} x=v_0\cos\alpha\cdot t, \\ y=v_0\sin\alpha\cdot t-\dfrac{1}{2}gt^2. \end{cases}$

第八节

1.（1） $y=C_1x+C_2x\ln x+C_3x^2+\dfrac{1}{4}x^3$；　　（2） $y=C_1x+C_2x\ln x+x(\ln x)^2$．

2.（1） $\begin{cases} x=3+C_1\cos t+C_2\sin t, \\ y=-C_1\sin t+C_2\cos t; \end{cases}$　　（2） $\begin{cases} x=(C_1+C_2t)\mathrm{e}^{-t}+(C_3+C_4t)\mathrm{e}^{t}, \\ y=-\dfrac{1}{2}(C_1+C_2+C_2t)\mathrm{e}^{-t}-\dfrac{1}{2}(C_3-C_4+C_4t)\mathrm{e}^{t}. \end{cases}$

微分方程自测题

1.（1） $\sin\dfrac{y}{x}=Cx$；　（2） $\dfrac{1}{x}=\dfrac{y^2+C}{y}$；　（3） $x=(1+C\mathrm{e}^{\frac{1}{y}})y^2$；

（4） $y=C_1+C_2\mathrm{e}^x-\dfrac{x^2}{4}-\dfrac{x}{2}+\left(\dfrac{x}{10}+\dfrac{13}{200}\right)\cos 2x+\left(\dfrac{x}{20}-\dfrac{2}{25}\right)\sin 2x$．

2. $\varphi^2(x)=\dfrac{C}{x}$．　3. $y''+4y'+4y=2\mathrm{e}^{-2x}$．　4. $a=-1,b=c=0$．

5.（1） $p(x)=-\dfrac{1}{x}, f(x)=\dfrac{3}{x^3}$；　（2） $y=C_1+C_2x^2+\dfrac{1}{x}$．

6. $f(x)=\sqrt{x}$．　7. $y=\left(1+\dfrac{x}{4}\right)\mathrm{e}^x\sin 2x$

第八章　空间解析几何与向量代数

第一节

1. 模：2；方向余弦 $-\dfrac{1}{2},-\dfrac{\sqrt{2}}{2},\dfrac{1}{2}$；方向角：$\dfrac{2\pi}{3},\dfrac{3\pi}{4},\dfrac{\pi}{3}$．

2. 2.　3. 13, $7\boldsymbol{j}$．　4. $\pm\dfrac{1}{\sqrt{17}}(3\boldsymbol{i}-2\boldsymbol{j}-2\boldsymbol{k})$，面积为 $\dfrac{\sqrt{17}}{2}$．　5. 2.

6. $\lambda=2\mu$．　7.（1） $-8\boldsymbol{j}-24\boldsymbol{k}$；（2） $-\boldsymbol{j}-\boldsymbol{k}$；（3） 2.　8. $\boldsymbol{c}=\boldsymbol{a}+2\boldsymbol{b}$.

9.（1） $6x+6y+6z=63$，平面；（2） $(x-1)^2+(y-3)^2+(z+2)^2=4$，球面.

10.（1）绕 x 轴：$y^2+z^2=5x$，旋转抛物面；绕 z 轴：$z^2=5\sqrt{x^2+y^2}$；

（2）绕 x 轴：$4x^2-9y^2-9z^2=36$，旋转双叶双曲面；绕 y 轴：$4x^2-9y^2+4z^2=36$，旋转单叶双曲面；

（3）绕 y 轴：$2y\pm3\sqrt{x^2+z^2}+1=0$，锥面；绕 z 轴：$\pm2\sqrt{x^2+y^2}-3z+1=0$，锥面.

12.（1） xOy 平面上 $\dfrac{x^2}{9}+\dfrac{y^2}{4}=1$ 绕 x 轴旋转或 xOz 平面上 $\dfrac{x^2}{9}+\dfrac{z^2}{4}=1$ 绕 x 轴旋转；

（2） xOy 平面上 $\dfrac{y^2}{4}-x^2=1$ 绕 y 轴旋转或 yOz 平面上 $\dfrac{y^2}{4}-z^2=1$ 绕 y 轴旋转；

（3） xOz 平面上 $z^2-x^2=1$ 绕 z 轴旋转或 yOz 平面上 $z^2-y^2=1$ 绕 z 轴旋转；

（4） xOy 平面上 $(x-a)^2=y^2$ 绕 x 轴旋转或 xOz 平面上 $(x-a)^2=z^2$ 绕 x 轴旋转.

13. 母线平行于 x 轴：$3y^2-z^2=4$；母线平行于 y 轴：$3x^2+2z^2=4$．

14.（1） $\begin{cases} x=\sqrt{2}\cos t, \\ y=\sqrt{2}\cos t \quad (0\leqslant t\leqslant 2\pi), \\ z=2\sin t, \end{cases}$　　（2） $\begin{cases} x=\sqrt{3}\cos t, \\ y=1+\sqrt{3}\sin t \quad (0\leqslant t\leqslant 2\pi). \\ z=0. \end{cases}$

15. xOy 面：$\begin{cases} x^2+2y^2-2y=0, \\ z=0; \end{cases}$ yOz 面：$\begin{cases} y+z=1, \\ x=0. \end{cases}$

16.（1）xOy 平面上 $D_{xy}: x^2+y^2 \leqslant 1$；$yOz$ 平面上 $D_{yz}: y^2 \leqslant z \leqslant 2-y^2 (-1 \leqslant y \leqslant 1)$；
xOz 平面上 $D_{xz}: x^2 \leqslant z \leqslant 2-x^2 (-1 \leqslant x \leqslant 1)$.

（2）$D_{xy}: x^2+y^2 \leqslant 1$；$D_{yz}: \begin{cases} -1 \leqslant y \leqslant 1, \\ 0 \leqslant z \leqslant 1; \end{cases}$ $D_{xz}: \begin{cases} -1 \leqslant x \leqslant 1, \\ 0 \leqslant z \leqslant 1. \end{cases}$

第二节

1. $3x-7y+5z-4=0$.

2. $x-3y-2z=0$.

3. 在 xOy、yOz、xOz 投影面积分别为 2,4,4 .

4. 1.

5.（1）$y+5=0$；（2）$x+3y=0$；（3）$9y-z-2=0$.

6. $\dfrac{x-4}{2}=\dfrac{y+1}{1}=\dfrac{z-3}{5}$.

7. $\dfrac{x-1}{-2}=\dfrac{y-1}{1}=\dfrac{z-1}{3}$；$\begin{cases} x=1-2t, \\ y=1+t, \\ z=1+3t. \end{cases}$

8. $\dfrac{x-3}{-4}=\dfrac{y+2}{2}=\dfrac{z-1}{1}$.

9. $16x-14y-11z-65=0$.

10. 异面，$x-y+z=0$.

11. $\left(-\dfrac{5}{3},\dfrac{2}{3},\dfrac{2}{3}\right)$.

12. $\dfrac{3\sqrt{2}}{2}$.

13. $\begin{cases} 17x+31y-37z-117=0, \\ 4x-y+z-1=0. \end{cases}$

空间解析几何与向量代数自测题

1. $z=-4$ 时夹角最小，为 $\dfrac{\pi}{4}$.

2. 30.

3. 略.

4.（1）$\cos\alpha=\dfrac{2}{\sqrt{21}},\cos\beta=\dfrac{4}{\sqrt{21}},\cos\gamma=-\dfrac{1}{\sqrt{21}}$；（2）面积为 $\sqrt{17}$；（3）体积为 $\dfrac{1}{3}$.

5. $x+\sqrt{26}y+3z-3=0$ 或 $x-\sqrt{26}y+3z-3=0$.

6. $x+2y+1=0$.

7. $\dfrac{x+1}{16}=\dfrac{y}{19}=\dfrac{z-4}{28}$.

8. $\begin{cases} x+y+z=0, \\ y-z-1=0. \end{cases}$

9. $\dfrac{2\sqrt{26}}{13}$.

10. $x^2+y^2=x+y$.

11. $x=4\sqrt{2}\sin\theta, y=2\cos\theta, z=2\sqrt{2}\sin\theta \ (0 \leqslant \theta \leqslant 2\pi)$.

第九章　多元函数微分法及其应用

第一节

1.（1）$\ln 2$；（2）$-\dfrac{1}{4}$；（3）2；（4）2；（5）0.

2. 提示：取特殊路径.

3. 提示：用定义证明.

第二节

1.（1）$\dfrac{\partial u}{\partial x}=\dfrac{z}{x}\left(\dfrac{x}{y}\right)^z$，$\dfrac{\partial u}{\partial y}=-\dfrac{z}{y}\left(\dfrac{x}{y}\right)^z$，$\dfrac{\partial u}{\partial x}=\ln\dfrac{x}{y}\cdot\left(\dfrac{x}{y}\right)^z$；

（2）$\dfrac{\partial u}{\partial x}=\dfrac{z(x-y)^{z-1}}{1+(x-y)^{2z}}$，$\dfrac{\partial u}{\partial y}=\dfrac{-z(x-y)^{z-1}}{1+(x-y)^{2z}}$，$\dfrac{\partial u}{\partial z}=\dfrac{\ln(x-y)(x-y)^z}{1+(x-y)^{2z}}$.

2.（1）$\dfrac{\pi}{4}$；（2）1；（3）$2z$.

3. 略.

班级__________ 姓名__________ 学号__________

4.（1）$\dfrac{\partial^2 z}{\partial x^2}=-\dfrac{2xy}{(x^2+y^2)^2}$，$\dfrac{\partial^2 z}{\partial y^2}=\dfrac{2xy}{(x^2+y^2)^2}$，$\dfrac{\partial^2 z}{\partial x\partial y}=\dfrac{x^2-y^2}{(x^2+y^2)^2}$.

（2）$\dfrac{\partial^2 z}{\partial x^2}=y^{\ln x}\cdot\dfrac{(\ln y)^2-\ln y}{x^2}$，$\dfrac{\partial^2 z}{\partial y^2}=y^{\ln x}\cdot\dfrac{(\ln x)^2-\ln x}{y^2}$，$\dfrac{\partial^2 z}{\partial x\partial y}=y^{\ln x}\cdot\dfrac{\ln x\ln y+1}{xy}$.

5. $-\dfrac{1}{y^2}$.

6.（1）√；（2）×；（3）√；（4）×；（5）√.

7.（1）$\mathrm{d}z=y^2(1+xy)^{y-1}\mathrm{d}x+(1+xy)^y\left[\ln(1+xy)+\dfrac{xy}{1+xy}\right]\mathrm{d}y$；

（2）$\mathrm{d}z=\dfrac{2x}{\sqrt{(x^2+y^2)^3}}(x\mathrm{d}y-y\mathrm{d}x)$；

（3）$(xy)^z\left(\dfrac{z}{x}\mathrm{d}x+\dfrac{z}{y}\mathrm{d}y+\ln xy\mathrm{d}z\right)$.

8. $\mathrm{d}z=\dfrac{1}{4+x^2+y^2}(2x\mathrm{d}x+2y\mathrm{d}y)$, $\mathrm{d}z\Big|_{\substack{x=1\\y=2}}=\dfrac{2}{9}\mathrm{d}x+\dfrac{4}{9}\mathrm{d}y$.

9. 提示：用定义.

10. 2.95.

第三节

1.（1）$\dfrac{\mathrm{d}z}{\mathrm{d}t}=\mathrm{e}^{\sin t-2t^3}(\cos t-6t^2)$；

（2）$\dfrac{\partial z}{\partial x}=x^{x^y+y}\cdot\dfrac{y\ln x+1}{x}$，$\dfrac{\partial z}{\partial y}=x^{x^y+y}\cdot(\ln x)^2$；

（3）$\dfrac{\partial z}{\partial y}=-2yf_1'+x\mathrm{e}^{xy}f_2'$；

（4）$\dfrac{\partial u}{\partial y}=-\dfrac{x}{y^2}f_1'+\dfrac{1}{z}f_2'$；

（5）$\dfrac{\partial u}{\partial x}=f_1'+yf_2'+yzf_3'$, $\dfrac{\partial u}{\partial z}=xyf_3'$.

2.（1）$\dfrac{\partial^2 z}{\partial y^2}=-2f'+4y^2f''$；

（2）$\dfrac{\partial^2 z}{\partial y\partial x}=\dfrac{1}{y}f_{12}''-\dfrac{x}{y^3}f_{22}''-\dfrac{1}{y^2}f_2'$；

（3）$\dfrac{\partial^2 z}{\partial x\partial y}=4x^3f_1'+2xf_2'+x^4yf_{11}''-yf_{22}''$；

（4）$\dfrac{\partial^2 z}{\partial x\partial y}=\mathrm{e}^yf_1'+\mathrm{e}^y(x\mathrm{e}^yf_{11}''+f_{13}'')+x\mathrm{e}^yf_{21}''+f_{23}''$.

3. $f_2'(x,x^2)=2x^2+2x+1$.

4. 略.

5.（1）$\dfrac{\partial z}{\partial x}=\dfrac{yz-\sqrt{xyz}}{\sqrt{xyz}-xy}$，$\dfrac{\partial z}{\partial y}=\dfrac{xz-2\sqrt{xyz}}{\sqrt{xyz}-xy}$；

（2）$\dfrac{\partial^2 z}{\partial x\partial y}=-\dfrac{c^4xy}{a^2b^2z^3}$；

（3）$\dfrac{\partial z}{\partial x}=\dfrac{xf-yf'-2x^2}{2xz}$.

6. $\dfrac{\partial z}{\partial x}=-\dfrac{2x+yzf'-2xF_1'}{1+xyf'-2zF_2'}$；$\dfrac{\partial z}{\partial y}=-\dfrac{1+xzf'-2yF_2'}{1+xyf'-2zF_2'}$.

7. $\dfrac{\mathrm{d}y}{\mathrm{d}x}=\dfrac{-3z^2+2z}{1+3z^2-2y-4yz}$，$\dfrac{\mathrm{d}z}{\mathrm{d}x}=\dfrac{2y-1}{1+3z^2-2y-4yz}$.

8. $\dfrac{\partial u}{\partial x}=\dfrac{\sin v}{\mathrm{e}^u(\sin v-\cos v)+1},\dfrac{\partial v}{\partial y}=\dfrac{\sin v+\mathrm{e}^u}{u[\mathrm{e}^u(\sin v-\cos v)+1]}$.

9. 略.

10. 略.

第四节

1.（1）切线：$\dfrac{9x-6}{1}=\dfrac{y+2}{1}=\dfrac{z-4}{4}$，法平面：$x+9y+36z-126\dfrac{2}{3}=0$；

（2）切线：$\dfrac{x-1}{1}=\dfrac{y-1}{1}=\dfrac{z-1}{2}$，法平面：$x+y+2z-4=0$；

班级__________ 姓名__________ 学号__________

（3）切线：$\frac{x-1}{16}=\frac{y-1}{9}=\frac{z-1}{-1}$，法平面：$16x+9y-z-24=0$.

2. $\left(\frac{\sqrt{3}}{3},\frac{1}{3},\frac{\sqrt{3}}{9}\right)$及$\left(-\frac{\sqrt{3}}{3},\frac{1}{3},-\frac{\sqrt{3}}{9}\right)$. 3. $\arccos\frac{b}{\sqrt{a^2+b^2}}$.

4.（1）切平面：$x+2y-4=0$，法线：$\begin{cases}\frac{x-2}{1}=\frac{y-1}{2},\\ z=0;\end{cases}$

（2）切平面：$x+2y+3z-6=0$，法线：$\frac{x-1}{1}=\frac{y-1}{2}=\frac{z-1}{3}$.

5.（$-3,-1,3$）. 6. $\frac{9}{2}a^3$. 7. 略.

8.（1）$-\frac{\sqrt{2}}{2}$；（2）$\frac{\sqrt{6}}{3}$；（3）$-\sqrt{3}$.

9. $\frac{\partial f}{\partial \boldsymbol{l}}=\cos\alpha+\sin\alpha$，（1）$\alpha=\frac{\pi}{4}$；（2）$\alpha=\frac{5\pi}{4}$；（3）$\alpha=\frac{3\pi}{4}$及$\alpha=\frac{7\pi}{4}$.

10. $\mathrm{grad}f\big|_{(1,1,1)}=6\boldsymbol{i}+3\boldsymbol{j}$，最大值为$3\sqrt{5}$.

11. $\sqrt{21}$. 12.（0,0）. 13. 略.

第五节

1. √；（2）√；（3）√；（4）√；（5）×；（6）×；（7）×；（8）×.

2.（1）（$-1,1$）处有极大值$z=1$； （2）（5,2）处有极小值$z=30$；

（3）极小值$z=-2$，极大值$z=6$.

3.（1）最大值 11，最小值 2； （2）最大值 25，最小值 9.

4. 等腰直角三角形，且两腰长为$\frac{\sqrt{2}}{2}l$时，周长最长.

5. 当矩形的边长为$\frac{2p}{3}$及$\frac{p}{3}$时，绕短边旋转所得圆柱体的体积最大.

6. $\left(\frac{a}{\sqrt{3}},\frac{b}{\sqrt{3}},\frac{c}{\sqrt{3}}\right),V_{\min}=\frac{\sqrt{3}}{2}abc$.

7. 长方体各边长均为$\frac{2a}{\sqrt{3}}$时，内接长方体的体积最大.

8. $M_0(1,-2,3)$. 9. 长 2 m，宽 2 m，高 3 m.

多元函数微分法及其应用自测题

1.（1）B； （2）$\frac{\partial z}{\partial u}=3u^2\cos v\sin v(\cos v-\sin v)$；

（3）$\frac{\partial^2 u}{\partial x^2}=f''_{11}+2yzf''_{12}+(yz)^2f''_{22}$； （4）$\frac{12}{\sqrt{14}}$； （5）$c$.

2. 极小值$z=\frac{11}{2}$. 3. $x-y+2与x-y-2=0$.

4. 略. 5. $\left(\frac{1}{2},-\frac{1}{2},0\right)$.

6. 三边长为$\frac{p}{2},\frac{3p}{4},\frac{3p}{4}$，且绕边长为$\frac{p}{2}$的一边旋转时，有最大体积$\frac{\pi p^3}{12}$.

班级____________　　姓名______________　　学号____________

第十章　重积分

第一节

1.（1）$\iint\limits_D \ln(x+y)\mathrm{d}\sigma \leqslant \iint\limits_D \ln(x+y)^2\mathrm{d}\sigma$；　（2）$\iint\limits_D \ln(x+y)\mathrm{d}\sigma \leqslant \iint\limits_D \ln(x+y)^2\mathrm{d}\sigma$.

2.（1）$0\leqslant I\leqslant 2$；（2）$\dfrac{200}{102}\leqslant I\leqslant 2$.　　3. 略.

4.（1）X-型区域 $D:\begin{cases}0\leqslant x\leqslant 1,\\ x-1\leqslant y\leqslant 1-x;\end{cases}$

Y-型区域 $D=D_1\cup D_2$，其中 $D_1:\begin{cases}0\leqslant y\leqslant 1,\\ 0\leqslant x\leqslant 1-y,\end{cases}$ $D_2:\begin{cases}-1\leqslant y\leqslant 0,\\ 0\leqslant x\leqslant 1+y.\end{cases}$

（2）X-型区域 $D=D_1\cup D_2$，其中 $D_1:\begin{cases}0\leqslant x\leqslant 2,\\ -\sqrt{x}\leqslant y\leqslant \sqrt{x},\end{cases}$ $D_2:\begin{cases}2\leqslant x\leqslant 4,\\ -\sqrt{4-x}\leqslant x\leqslant \sqrt{4-x};\end{cases}$

Y-型区域 $D:\begin{cases}-\sqrt{2}\leqslant y\leqslant \sqrt{2},\\ y^2\leqslant x\leqslant 4-y^2.\end{cases}$.

（3）X-型区域 $D:\begin{cases}1\leqslant x\leqslant 2,\\ \dfrac{1}{x}\leqslant y\leqslant x;\end{cases}$

Y-型区域 $D=D_1\cup D_2$，其中 $D_1:\begin{cases}\dfrac{1}{2}\leqslant y\leqslant 1,\\ \dfrac{1}{y}\leqslant x\leqslant 2,\end{cases}$ $D_2:\begin{cases}1\leqslant y\leqslant 2,\\ y\leqslant x\leqslant 2.\end{cases}$

（4）X-型区域 $D:\begin{cases}-1\leqslant x\leqslant 1,\\ x^2\leqslant y\leqslant \sqrt{2-x^2};\end{cases}$

Y-型区域 $D=D_1\cup D_2$，其中 $D_1:\begin{cases}0\leqslant y\leqslant 1,\\ -\sqrt{y}\leqslant x\leqslant \sqrt{y},\end{cases}$ $D_2:\begin{cases}1\leqslant y\leqslant \sqrt{2},\\ -\sqrt{2-y^2}\leqslant x\leqslant \sqrt{2-y^2}.\end{cases}$

5.（1）$\mathrm{e}-\mathrm{e}^{-1}$；（2）$-\dfrac{24}{5}$；（3）$\pi^2-\dfrac{40}{9}$；（4）$\dfrac{1}{2}(3\cos 1+\sin 1-\sin 4)$.

6.（1）$\int_0^4\mathrm{d}x\int_x^{2\sqrt{x}}f(x,y)\mathrm{d}y$，$\int_0^4\mathrm{d}y\int_{\frac{y^2}{4}}^{y}f(x,y)\mathrm{d}x$；

（2）$\int_{-r}^{r}\mathrm{d}x\int_0^{\sqrt{r^2-x^2}}f(x,y)\mathrm{d}y$，$\int_0^{r}\mathrm{d}y\int_{-\sqrt{r^2-y^2}}^{\sqrt{r^2-y^2}}f(x,y)\mathrm{d}x$；

（3）$\int_{-2}^{-1}\mathrm{d}x\int_{-\sqrt{4-x^2}}^{\sqrt{4-x^2}}f(x,y)\mathrm{d}y+\int_{-1}^{1}\mathrm{d}x\int_{-\sqrt{4-x^2}}^{-\sqrt{1-x^2}}f(x,y)\mathrm{d}y+\int_{-1}^{1}\mathrm{d}x\int_{\sqrt{4-x^2}}^{\sqrt{4-x^2}}f(x,y)\mathrm{d}y+\int_{1}^{2}\mathrm{d}x\int_{-\sqrt{4-x^2}}^{\sqrt{4-x^2}}f(x,y)\mathrm{d}y$，

$\int_{-2}^{-1}\mathrm{d}y\int_{-\sqrt{4-y^2}}^{\sqrt{4-y^2}}f(x,y)\mathrm{d}x+\int_{1}^{2}\mathrm{d}y\int_{-\sqrt{4-y^2}}^{\sqrt{1-y^2}}f(x,y)\mathrm{d}x+\int_{-1}^{1}\mathrm{d}y\int_{-\sqrt{4-y^2}}^{\sqrt{4-y^2}}f(x,y)\mathrm{d}x+\int_{-1}^{1}\mathrm{d}y\int_{\sqrt{1-y^2}}^{\sqrt{4-y^2}}f(x,y)\mathrm{d}x$.

7.（1）$\mathrm{e}^{-\frac{1}{2}}$；（2）$\dfrac{4}{\pi^2}+\dfrac{8}{\pi^3}$.

8.（1）$\int_0^1\mathrm{d}y\int_{2-y}^{1+\sqrt{1-y^2}}f(x,y)\mathrm{d}x$；（2）$\int_0^2\mathrm{d}y\int_{2y}^{6-y}f(x,y)\mathrm{d}x$.　　9. $\ln\dfrac{b+1}{a+1}$.

10.（1）$\int_{-\frac{\pi}{2}}^{\frac{\pi}{2}}\mathrm{d}\theta\int_0^{4\cos\theta}f(r\cos\theta,r\sin\theta)r\mathrm{d}r$；　　（2）$\int_0^{2\pi}\mathrm{d}\theta\int_1^2 f(r\cos\theta,r\sin\theta)r\mathrm{d}r$；

（3）$\iint\limits_D f(x,y)\mathrm{d}\sigma=\int_0^{\frac{\pi}{4}}\mathrm{d}\theta\int_0^{\frac{\sin\theta}{\cos^2\theta}}f(r\cos\theta,r\sin\theta)r\mathrm{d}r+\int_{\frac{\pi}{4}}^{\frac{3\pi}{4}}\mathrm{d}\theta\int_0^{\frac{1}{\sin\theta}}f(r\cos\theta,r\sin\theta)r\mathrm{d}r$

$+\int_{\frac{3\pi}{4}}^{\pi}\mathrm{d}\theta\int_0^{\frac{\sin\theta}{\cos^2\theta}}f(r\cos\theta,r\sin\theta)r\mathrm{d}r$.

11.（1）$\frac{\pi}{2}(1-2\mathrm{e}^{-1})$；（2）$2\pi$；（3）$\frac{3}{64}\pi^2$.

12.（1）$\frac{9}{4}$；（2）0；（3）$\frac{1}{3}+\frac{\pi}{4}$.　　13. 略.　　14. 略.

第二节

1.（1）$\int_0^1\mathrm{d}x\int_0^{1-x}\mathrm{d}y\int_0^{xy}f(x,y,z)\mathrm{d}z$；　（2）$\int_{-1}^1\mathrm{d}x\int_{-\sqrt{1-x^2}}^{\sqrt{1-x^2}}\mathrm{d}y\int_{\sqrt{x^2+y^2}}^1 f(x,y,z)\mathrm{d}z$；

（3）$\int_{-1}^1\mathrm{d}x\int_{-\sqrt{1-x^2}}^{\sqrt{1-x^2}}\mathrm{d}y\int_{2x^2+y^2}^{2-x^2}f(x,y,z)\mathrm{d}z$；　（4）$\int_0^a\mathrm{d}x\int_0^{b\sqrt{1-\frac{x^2}{a^2}}}\mathrm{d}y\int_0^{xy}f(x,y,z)\mathrm{d}z$.

2.（1）$\frac{1}{10}$；（2）$\frac{1}{364}$；（3）$\frac{1}{48}$；（4）0；（5）$\frac{\pi}{4}$.

3. 略.　　4.（1）$\frac{13}{12}\pi$；（2）8π.

5.（1）$\frac{8}{5}\pi$；（2）$\frac{2}{15}\pi\left(1-\frac{1}{2\sqrt{2}}\right)$.　　6.（1）$\frac{1}{8}$；（2）$\pi^3-4\pi$；（3）0.

第三节

1.（1）$\frac{32}{3}\pi$；（2）πa^3；（3）$\frac{2}{3}\pi(5\sqrt{5}-4)$；（4）$\frac{3}{2}\pi a^3$.

3.（1）$2a^2(\pi-2)$；（2）$\sqrt{2}\pi$；（3）$16R^2$.　4. $\bar{x}=\frac{4a}{3\pi},\bar{y}=\frac{4b}{3\pi}$.

5. $I_y=\frac{1}{4}\pi a^3 b\rho$.　　6.（1）$\frac{8}{3}a^4$；（2）$\bar{x}=\bar{y}=0,\bar{z}=\frac{7}{15}a^2$；（3）$\frac{112}{45}\rho a^6$.

重积分自测题

1. $\int_0^{\pi/4}\mathrm{d}\theta\int_0^{a\sin\theta}f(r\cos\theta,r\sin\theta)r\mathrm{d}r+\int_{\pi/4}^{\pi/2}\mathrm{d}\theta\int_0^{a\cos\theta}f(r\cos\theta,r\sin\theta)r\mathrm{d}r$.

2.（1）$\int_0^1\mathrm{d}y\int_{1-\sqrt{1-y^2}}^{y}f(x,y)\mathrm{d}x$；　（2）$\int_0^1\mathrm{d}y\int_{-1}^{y-1}f(x,y)\mathrm{d}x+\int_1^2\mathrm{d}y\int_{-1}^{-\sqrt{y^2-1}}f(x,y)\mathrm{d}x$.

4. $f(0)$.　　5. $\frac{2}{3}\pi$.　　6. $\frac{3}{20}\pi R^5$.　　7. $\frac{\pi}{3}$.

8. $I_R=\frac{\pi}{8(1-p)}\left[(1+R^2)^{1-p}-\left(1+\frac{1}{R^2}\right)^{1-p}\right]$. 当 $p<1$ 时，$I_R\to\infty$；当 $p>1$ 时，$I_R\to\frac{\pi}{8(p-1)}$.

9. $\frac{2-\sqrt{2}}{3}\pi a$.

第十一章　曲线积分与曲面积分

第一节

1.（1）$2\pi a^5$；　（2）$\mathrm{e}^a\left(2+\frac{\pi}{4}a\right)-2$；　（3）$\frac{17\sqrt{17}-1}{48}$；

（4）$\frac{256}{15}a^3$；　（5）$2a^3$；　（6）$\frac{\sqrt{3}}{2}(1-\mathrm{e}^{-2})$；　（7）$4\sqrt{2}$.

2.（1）$I_z=\frac{2}{3}\pi a^2\sqrt{a^2+k^2}(3a^2+4\pi^2k^2)$；

（2） $\overline{x}=\dfrac{6ak^2}{3a^2+4\pi^2k^2},\overline{y}=\dfrac{-6\pi ak^2}{3a^2+4\pi^2k^2},\overline{z}=\dfrac{3\pi k(a^2+2\pi^2k^2)}{3a^2+4\pi^2k^2}$.

3.（1） $\int_L\dfrac{P(x,y)+2xQ(x,y)}{\sqrt{1+4x^2}}\mathrm{d}s$； （2） $\int_L[\sqrt{2x-x^2}P(x,y)+(1-x)Q(x,y)]\mathrm{d}s$.

4.（1） $-\dfrac{\pi}{2}a^3$；（2） -2；（3） -2π；（4） -3π；（5） $-\dfrac{64}{5}\pi^5+\dfrac{384}{7}\pi^7$.

5.（1） $\dfrac{34}{3}$；（2） 11；（3） $\dfrac{32}{3}$. 6. 略.

第二节

1.（1） πab；（2） $\dfrac{3}{8}\pi a^2$. 2.（1） $\dfrac{1}{2}\pi a^4$；（2） $\dfrac{1}{5}(1-\mathrm{e}^{\pi})$.

3. $R<1$时为 0； $R>1$时为π. 4.（1） 236；（2） 5.

5.（1） $\dfrac{1}{4}\pi R^2-R$；（3） $-\dfrac{3}{2}$.

6.（1） $x^4-6x^2y^2+y^4=C$； （2） $\sqrt{1+x^2+y^2}+xy=C$.

7.（1） 0；（2） -2π；（3） $\dfrac{3}{2}\pi$. 8.（1） $a=3$；（2） $\varphi(y)=\dfrac{\mathrm{e}^y}{y^2}$. 9. 略.

第三节

1.（1） $\dfrac{13}{3}\pi$；（2） $\dfrac{1}{2}(1+\sqrt{2})\pi$；（3） $\dfrac{64}{15}\sqrt{2}a^4$；（4） $\dfrac{64}{3}\pi$；

2.（1） $\dfrac{2\pi}{15}(1+6\sqrt{3})$；（2） π^2R^3. 3. $I_x=\dfrac{4}{3}\pi\rho a^4$.

第四节

1.（1） $\dfrac{3}{2}\pi$；（2） 8π.

2.（1） $-\dfrac{\sqrt{2}}{2}\iint\limits_{\Sigma}[P(x,y,z)+R(x,y,z)]\mathrm{d}S$； （2） $\iint\limits_{\Sigma}\dfrac{4xP(x,y,z)-Q(x,y,z)+2zR(x,y,z)}{\sqrt{1+16x^2+4z^2}}\mathrm{d}S$.

3. $\dfrac{1}{2}$. 4. $\dfrac{1}{4}-\dfrac{\pi}{6}$. 5.（1） $\dfrac{12}{5}\pi$；（2） $\dfrac{\pi}{2}$.

6.（1） 12π；（2） -28π. 7. $\dfrac{2}{5}\pi a^5$. 8. $\dfrac{93(2-\sqrt{2})}{5}\pi$.

曲线积分与曲面积分自测题

1.（1） $\dfrac{(2+t_0^2)^{\frac{3}{2}}-2\sqrt{2}}{3}$；（2） πa^2.

2.（1） $2\pi R\ln\dfrac{H+\sqrt{R^2+H^2}}{R}$； （2） $-\dfrac{\pi}{4}h^4$；（3） 2π.

3. $\left(0,0,\dfrac{a}{2}\right)$. 4.（1） $-\sqrt{3}\pi a^2$；（2） $-2\pi a(a+b)$.

第十二章 无穷级数参考答案

第一节

1.（1） 发散；（2） 收敛， $s=\dfrac{1}{2}$；（3） 收敛， $s=\dfrac{2}{3}$；（4） 收敛， $s=\dfrac{5}{12}$.

2（1） 收敛；（2） 收敛；（3） 发散；（4） 发散.

3.（1） 发散；（2） 发散；（3） 收敛；（4） 收敛；（5） 发散；（6） 收敛.

4.（1） $p>0$时，收敛；（2） $p>1$时，收敛.

5.（1）发散；（2）收敛；（3）收敛；（4）收敛.

8.（1）绝对收敛；（2）绝对收敛；（3）绝对收敛；（4）条件收敛；

第二节

1.（1） $\left[-\frac{1}{2},\frac{1}{2}\right]$；（2） $(-\infty,+\infty)$.

2.（1） $1-\ln 2$；（2） $\frac{\pi}{6}-\frac{1}{\sqrt{3}}$.

3.（1） $\sum_{n=0}^{\infty}(-1)^n\frac{2^n}{3^{n+1}}x^n,\left(-\frac{3}{2}<x<\frac{3}{2}\right)$；

（2） $-\sum_{n=0}^{\infty}\frac{2^n}{3^{n+1}}(x+3)^n,\left(-\frac{9}{2}<x<-\frac{3}{2}\right)$；

4.（1） $-\left[3+\sum_{n=1}^{\infty}(n+3)x^n\right],(|x|<1)$；

（2） $-\sum_{n=0}^{\infty}\left(1+\frac{2}{3^{n+1}}\right)x^n,(|x|<1)$；

（3） $\frac{1}{2}\left[1+\sum_{n=1}^{\infty}\frac{(2n-1)!!}{2^{3n}n!}x^{2n}\right]$；

（4） $\sum_{n=0}^{\infty}(-1)^n\frac{x^{2n+1}}{(2n+1)(2n+1)!},x\in(-\infty,+\infty)$.

第三节

1.（1） $\frac{(b-a)\pi}{4}+\frac{2(a-b)}{\pi}\sum_{n=1}^{\infty}\frac{\cos(2n-1)x}{(2n-1)^2}+(a+b)\sum_{n=1}^{\infty}(-1)^{n-1}\frac{\sin nx}{n},(x\neq(2k+1)\pi)$；

（2） $\frac{e^{2\pi}-e^{-2\pi}}{\pi}\left[\frac{1}{4}+\sum_{n=1}^{\infty}\frac{(-1)^n}{n^2+4}(2\cos nx-n\sin nx)\right],(x\neq(2k+1)\pi)$.

2.（1） $\frac{4}{\pi}\sum_{n=1}^{\infty}\left[\frac{-2}{n^3}+(-1)^n\left(\frac{2}{n^3}-\frac{\pi^2}{n}\right)\right]\sin nx,(0\leqslant x<\pi)$；

（2） $\frac{4}{3}+\frac{16}{\pi^2}\sum_{n=1}^{\infty}\frac{(-1)^n}{n^2}\cos\frac{n\pi x}{2},(0\leqslant x\leqslant 2)$.

3.（1） $\frac{8}{\pi}\sum_{n=1}^{\infty}\frac{\sin(2n-1)x}{(2n-1)^3},(0\leqslant x\leqslant\pi)$；　（2） $\frac{\pi^2}{6}-4\sum_{n=1}^{\infty}\frac{\cos 2nx}{(2n)^2},(0\leqslant x\leqslant\pi)$.

无穷级数自测题

1.（1）发散；（2）收敛.

2. 条件收敛.

3.（1） $\left[-\frac{1}{5},\frac{1}{5}\right]$；（2） $(-\sqrt{2},\sqrt{2})$.

4. $s(x)=\begin{cases}1+\left(\frac{1}{x}-1\right)\ln(1-x), & x\in(-1,0)\cup(0,1),\\ 0, & x=0.\end{cases}$

5. $2e$.

6. $\frac{1}{(2-x)^2}=\sum_{n=1}^{\infty}\frac{n}{2^{n+1}}x^{n-1},x\in(-2,2)$.

7. $f(x)=\frac{e^x-1}{2\pi}+\frac{1}{\pi}\sum_{n=1}^{\infty}\left[\frac{(-1)^n e^x-1}{1+n^2}\cos nx+\frac{n(-1)^{n+1}e^x+1}{n^2+1}\sin nx\right]$ $(x\in(-\infty,+\infty),\text{且}x\neq n\pi,n=0,\pm1,\pm2,\cdots)$

8. $f(x)=\frac{2}{\pi}\sum_{n=1}^{\infty}\frac{1-\cos nh}{n}\sin nx,\ x\in(0,h)\cup(h,\pi)$； $f(x)=\frac{h}{\pi}+\frac{2}{\pi}\sum_{n=1}^{\infty}\frac{\sin nh}{n}\cos nx,\ x\in[0,h)\cup(h,\pi)$.

高等数学 I 综合测试题（一）

一、1. D　2. A　3. C　4. C

二、1. e^6.　2. $\frac{1}{2}\left(\frac{\cos x}{x}\right)^2+C$.　3. $\frac{\pi}{2}$.　4. $\frac{\pi}{3}$.

三、1. $y'(x)=-\frac{e^{x+y}+y\cos(xy)}{e^{x+y}+x\cos(xy)}$； $y'(0)=-1$.　2. $\frac{1}{7}\ln\left|x^7\right|-\frac{2}{7}\ln\left|1+x^7\right|+C$.

3. $\frac{\pi}{4}-2e^3-1$. 4. $g'(x)=\frac{xf(x)-\int_0^x f(u)du}{x^2}(x\neq 0)$，$g'(0)=\frac{A}{2}$，$g'(x)$在点$x=0$处连续.

5. $y=\frac{1}{3}x\ln x-\frac{1}{9}x$.

四、$y=\frac{2}{3}e^{-x}+\frac{1}{3}e^{2x}$. 五、(1) $\frac{1}{2}e-1$；(2) $\frac{\pi}{6}(5e^2-12e+3)$.

六、略. 七、略

高等数学Ⅰ综合测试题（二）

一、1. B 2. D 3. D 4. C

二、1. $\frac{1}{2}$； 2. $2\left(\ln 2-\frac{1}{2}\right)$； 3. $x\ln x+C$； 4. $\frac{1}{1+p}$； 5. $\frac{1}{2}$.

三、1. $\frac{dy}{dx}=\frac{1-e^{-at}}{e^{at}}$，$\frac{d^2y}{dx^2}=2e^{-3at}-e^{-2at}$. 2. $r:h=1:2$时，表面积最小.

3. $(\arctan\sqrt{x})^2+C$. 4. $\frac{\pi}{8}$. 5. $y=\ln(1+x+y)+C$. 6. $\frac{3}{10}\pi$.

四、略. 五、略 六、略

高等数学Ⅱ综合测试题（一）

一、1. B 2. C 3. C

二、1. $dz=\frac{f_1'}{f'+yf_2'-1}dx-\frac{zf_2'}{f'+yf_2'-1}dy$. 2. $4x+2y+z-8=0$.

3. $\sqrt{2}$. 4. 0. 5. 18π.

三、1. $\frac{53}{32}$. 2. $f(x)=\frac{\pi}{4}x+\sum_{n=0}^{\infty}\frac{(-1)^n}{2n+1}x^{2n+2}$.

四、$f(x)=2xe^x+2e^{-x}-e^x$. 五、$\frac{3}{\sqrt{28}}$.

六、柱坐标下：$I=\int_0^{2\pi}d\theta\int_0^{\sqrt{2}/2}dr\int_r^{\sqrt{1-r^2}}\left(z-\frac{1}{2}f(r^2+z^2)\right)rdz$；

球坐标下：$I=\int_0^{2\pi}d\theta\int_0^{\pi/4}dr\int_0^1\left(r\cos\varphi-\frac{1}{2}f(r^2)\right)r^2\sin^2\varphi dz$.

七、$-\frac{5}{2}\pi$. 八、(1) $R=1,[-1,1)$；(2) $s'(x)=\frac{2}{1-x}$.

九、体积为：$\frac{\pi^3a^3}{8(\pi+1)^3}$；面积为：$\frac{\pi a^2}{4(\pi+1)^2}$.

高等数学Ⅱ综合测试题（二）

一、D C D B B

二、1. $\sum_{n=0}^{\infty}\frac{(-1)^n}{2^{n+1}}x^n\ (|x|<2)$. 2. $x-4y+3z=12$，$\frac{x-1}{1}=\frac{y+2}{-4}=\frac{z-1}{3}$.

3. $\frac{1}{2}(1-e^{-4})$. 4. $2\sqrt{6}$. 5. $R=2$.

三、1. $\frac{16}{9}$. 2. $dz\big|_{(1,0,-1)}=dx-\sqrt{2}dy$.

3. $\frac{\partial z}{\partial x}=-ye^{-xy}f_1'+\frac{1}{y}f_2'$，$\frac{\partial z}{\partial y}=-xe^{-xy}f_1'-\frac{x}{y^2}f_2'$.

班级__________ 姓名__________ 学号__________

四、当 $x=\dfrac{1}{2}$， $y=\dfrac{1}{4}$ 时， $d_{\min}=\dfrac{\left|\dfrac{1}{2}-\dfrac{1}{4}-2\right|}{\sqrt{2}}=\dfrac{7}{4\sqrt{2}}$ ..

五、直角系： $I=\int_{-1}^{1}\mathrm{d}x\int_{-\sqrt{1-x^2}}^{\sqrt{1-x^2}}\mathrm{d}y\int_{\sqrt{x^2+y^2}}^{\sqrt{2-x^2-y^2}}f(x,y,z)\mathrm{d}z$ ；

柱面： $I=\int_0^{2\pi}\mathrm{d}\theta\int_0^1\mathrm{d}r\int_r^{\sqrt{2-r^2}}f(r\cos\theta,r\sin\theta,z)r\mathrm{d}z$ ；

球面： $I=\int_0^{2\pi}\mathrm{d}\theta\int_0^{\frac{\pi}{4}}\mathrm{d}\varphi\int_0^{\sqrt{2}}f(r\cos\theta\sin\varphi,r\sin\theta\sin\varphi,r\cos\varphi)r^2\sin\varphi\mathrm{d}r$.

六、 $I=24\pi$. 七、 $\sum\limits_{n=1}^{\infty}\dfrac{1}{n3^n}=\ln\dfrac{3}{2}$.

八、 $f(x)=-\mathrm{e}^{-x}\left(x+\dfrac{1}{2}\right)$， $\int_A^B(\mathrm{e}^{-x}+f(x))y\mathrm{d}x-f(x)\mathrm{d}y=\dfrac{3}{2\mathrm{e}}$. 九、略.